ADVICE 35

團隊，從傳球開始

五百年都難以超越的UCLA傳奇教練伍登培養優越人才和團隊的領導心法

伍登，詹明信（John Wooden, Steve Jamison）／著
周汶昊／譯

木馬文化

推薦序

伍登教練的「人格籃球」

李亦伸
「運動內幕」網站創辦人

學了很長很長一段時間的籃球，跑了二十七年籃球新聞，我當然知道美國大學籃球傳奇教練伍登的偉大事蹟，以及他前無古人，可能也後無來者的不朽傳奇。

對我來說，伍登是「籃球圖騰」，是教練典範，是一名開拓者。他是一部籃球經書，他用自己對籃球的理解、執教智慧，以及對成功、贏球的「人格詮釋」，記載了完全不同於籃球訓練、戰術、教條、紀律的籃球心法。

我曾經形容已經過世的前中華男籃總教練錢一飛是台灣的「John Wooden」，因為我已經不知道該用什麼名詞、地位、感謝和懷念，去描述這位我心目中偉大的籃球教練。

在還沒有讀過伍登這本書之前，我對他的認識僅止於「籃球傳奇和教練典範」。「Wooden」是我對籃球認識和知識中最了不起的名字，它代表籃球，代表榮耀，更代表不朽傳奇。

老實說，伍登教練怎麼帶兵、如何贏球，他有什麼執教風格，他又有什麼與眾不同的籃球理念和心法，閱讀本書前我還不太清楚。然而透過本書一頭讚進伍登的籃球人生，我發現他談的不是基礎訓練或先進籃球觀念，他想要傳遞的也不是什麼精妙戰術或偉大打法創意，他更不是要告訴大家，他是如何贏得十座NCAA冠軍，調教出那些世紀級偉大球星，成就這麼多數不清的籃球紀錄和傳奇事蹟。

透過籃球，伍登談的是人格、人性、生活和相處的藝術，這裡頭有個人、有團隊、有對成功的定義，還有心靈養成的各種面貌。

對一名籃球教練來說，贏球是最重要的，但贏球是不是等於成功？伍登有不同的定義和認知，他要告訴所有教練：「成功應該是由我們自己來評斷，成功是一種心靈的平靜，只要你絕對付出，盡你所能的去做到最好，就能獲得成功。」

對所有籃球員來說，伍登想要告訴大家，盡我所能，就是成功，因為你將變成最好的自己。

對一名長期報導籃球的媒體來說，伍登讓我看到籃球更多、更深的層面，那是除了訓練、天賦、戰術、壓力、勝負之外的情感和生活。他是如何讓球隊全體成員緊密凝聚，像家人般相互信任，把友情變成藝術，讓領導成為一種魅力。伍登這本書超越籃球，他談的是人格化的籃球，你必須用心去思考體會。

對一名喜愛籃球的球迷而言，伍登認為成功的重要性遠勝過贏球，這可能是很難理解的層次。難以理解沒關係，伍登用他的人生經歷和執教故事、生活體驗，完整告訴你為什麼會是這樣。

身為教練的人經常會有這種情緒：「有時候贏球會比輸球更令教練生氣，因為球隊沒有打出十足潛力卻贏球，那可能是運氣，是對手等級不夠，或者是其他種種因素，幫助球隊打贏了比賽。」

伍登教練也一樣，因為球隊以這種方式贏得比賽，遠比打出自己的最佳表現卻輸了球還要糟糕。贏球只是追求成功、學習團隊、了解自我的一種過程，那不是終極目標。

當然伍登教練也希望能贏得每一場比賽，但贏球不是他唯一目標。他的領導基因和執教心法，他對成功的定義，他和球員的相處經驗、面對失敗的壓力和教訓，透過這本書，伍登希望這些方法可以讓你找到一些創意，有效落實在你的團隊中。

我喜歡伍登「把每一天都打造成你的傑作」這句話，我更喜歡伍登「把友情變成藝術」的寬闊思維和情感，那都是超乎籃球、訓練、戰術和勝負，他談的是人格和人性，用生活體驗去解讀籃球心法。

伍登是在印地安那農場上長大的孩子，他從小就知道：盡我所能，就是成功。還好，我現在也有點懂了，雖然我早已經不是孩子，但我還是懂得享受籃球，熱愛籃球，並且每天都嘗試努力融入比賽和感受比賽，試圖寫出更美好的籃球故事。

謝謝你伍登教練！謝謝譯者汶昊兄的推薦！

縱橫球場及商場的人生之道

張嗣漢
前籃球國手
現任好市多亞洲區資深副總裁

約翰．伍登教練是我們這一代的籃球大宗師，內行的運動迷都尊稱他為「西木魔法師」（Wizard of Westwood），因為他從一九四八年開始帶領加州大學洛杉磯分校棕熊隊（UCLA Bruins），二十七年間曾拿下NCAA史上最多的十座全美大學聯賽冠軍，不可思議的七連冠，並創下跨季八十八連勝紀錄，更帶出多位籃球名人堂成員，而西木區（Westwood）正是UCLA校址所在地。

但在伍登教練耀眼的生涯成就之上，更重要的是他如何實踐其籃球場上的執教哲學及領導心法，並且應用到我們每一天的生活之中。

其實這套成功哲學及領導心法並不僅僅適用於籃球場上，即使你不是籃球員，也一樣可以用它來改變你的人生。伍登教練的「成功金字塔」正是其早期典範的精髓之一，當年曾讓年少的我產生極大的共鳴。它幫助我在球場上獲得成功，也讓我在商場和生活中同樣精采。

謹此希望讀者能藉由本書了解到，運動即是社會的一個縮影，球場上管用的東西，在我們的日常生活中一樣有效。關於這一點，伍登教練已經用一座又一座的冠軍金盃，以及他偉大的生命成就說明了一切。

接下來，就請你享受這本書，然後一同成為人生賽場上的成功冠軍。

給下一個世代的成功領導人

周汶昊

「天鉤」賈霸的成功導師

在一代宗師葉問還未被台灣年輕一代熟知之前，傳記電影給他的形象定位是「李小龍的老師」。而李小龍在上一代美國人的記憶中，曾是NBA名人堂球星「天鉤」賈霸的武術老師。葉問和李小龍都因為教出了名氣響亮的學生，而讓不同世代的人重新認識了他們的成就。約翰．伍登也一樣。

約翰．伍登是賈霸的籃球老師。這個名字，對許多這一代的台灣人和美國人來說都有些遙遠和陌生。

約翰．伍登是誰？他是一九六〇到七〇年代縱橫美國大學籃壇的第一名帥，曾率領加州大學洛杉磯分校棕熊（UCLA Bruins）拿下史無前例的NCAA全國冠軍七連霸，其中賈霸就在他麾下三度登頂。

七連霸的紀錄有多難得？在伍登之前，沒有一間大學能連拿三屆冠軍；在伍登之後，也只有兩位名教頭能達成二連霸的紀錄。其中一人就是公認當代最強的杜克大學K教練（Mike Krzyzewski），他帶領藍魔在一九九〇年代初期連莊一次；而二〇一五年剛接下NBA雷霆隊主帥的唐諾文（Billy Donovan）則是在二〇〇六及〇七年執教佛羅里達大學時達標。在NCAA將近八十年的籃球競賽史上，七連霸就像是高掛夜空的北斗七星，可望而不可即。

做為七星遙指的北辰，伍登教練不僅為UCLA奪下校史首座全國冠軍，自己也六度獲選年度最佳教練，成功把UCLA打造成全美籃球的絕對強權。一九七五年，他為UCLA拿下第十座冠軍之後宣佈退休；時隔二十年後，UCLA才有機會重登王座。

他為何能夠如此成功？

因為伍登擁有極致的競爭力。他不問贏球，只求完美的成功哲學，將球員帶到個人的最高境界。他重視品格及團隊的領導心法，不僅凝聚了強大的向心力及戰力，也讓他領導的團隊能夠一再地從激烈的競爭中勝出。

球場與商場的極致競爭力

有人會說，伍登的作法老派、觀念過時；也有人會說，伍登的成功難以複製，只是特例；更有人會說，伍登的紀錄是幸運的總和，是明星球員為他打下江山。

誠然，現今美國大學籃壇提早棄學挑戰NBA的風潮，讓名校豪門難以建立長期統治的王朝。籃球市場的大幅成長，讓大學球場上的競爭強度提高，早期一校獨大的時代更加難以重現。伍登也確實曾經擁有兩位NBA名人堂等級的球星為他打球。

但在同樣的時空背景和競爭條件之下，只有伍登教練的球隊能持久不墜；沒有球星在手，他也照樣能拿下冠軍。

美國大學籃球是一個獨特的人力競爭市場，競爭強度最高的第一級（Division I）共有三百五十一間大學競逐一座全國冠軍。每隊每年都有主力球員畢業，也一直會有新秀加入，人才流動的速度極快，養成的時間極短。這和現今商業市場的競爭步調極為類似：誰能夠在最短的時間內，整合出最強的團隊就能勝出。

球場如商場，都需要極致的競爭力。大學球隊的總教練就像企業的領導者一樣，每年都在面對人才養成及流失的嚴格考驗。如何訓練既有人力，同時找尋新人使其融入團隊，從而發揮出最佳效益，正是領導者的能力與價值之所在，也是企業及組織的成功關鍵。

伍登做為領導者的極致競爭力，就在於他知道「如何」找到對的人來打球，以及「如何」把個人變成最佳團隊。

如果你不是籃球迷，也許你不必認識他。但如果你想在球場或商場上成為一個成功的領導者，那麼了解他的領導哲學及心法，將能給你一個全新的視野和明確的操作守則。

一封寄給你的信

伍登教練有一個習慣，每一年球季之前，他都會寫信給他的球員。每一年的內容都差不多，範圍不出他的「成功金字塔」。有人說這是始終如一，吾道一以貫之，但也有人說這是換湯不換藥。

然而，這湯怎麼換，正是箇中深功夫之所在。

籃框離地十英尺，自從籃球發明以來就沒變過，領導學也是一樣，萬變不離其宗。伍登的領導心法並沒有嘩眾出奇之處，難得的是他一生為了實踐所下的功夫。

在書中，他窮盡畢生之力，凝萃四十年執教經驗而成的「成功金字塔」，不僅融通了他的思維體系，也為球員及後起的領導者提供了明確的條件及方法，來達成他所定義的成功。

在帶領團隊前往成功的路上，做為領導者的你需要指南針和地圖。伍登的書不是時髦的衛星導航，也不是花稍的3D地圖，但卻是傳世不變的經典和顛撲不破的真理。

如果你想成為一位成功的領導者，這本書就是你會想要收到的那封信。從此你帶出的團隊，可能就是下一個傳奇。

譯者誌謝

本書在譯者進入喬治亞大學運動管理博士班第一年時譯成，在此感謝愛妻知音的支持、Dr. James Zhang的指導、UDN編輯耀賢學長以及木馬文化多方幫助。更要感謝遠在台灣及沙烏地阿拉伯的母親及姊姊們。

本書獻給所有曾經我有幸以導師、總教練及領導者的身份一起共事的人。

也獻給吉姆和南——奈麗與我的兒女——以及我們其他二十個恩賜：七個孫子女和十三個曾孫子女。

還有獻給奈麗，我每天思念的妻子。

——約翰．伍登

獻給瑪莉珍和伊芙．伊斯川、我的雙親，和我的四個聰明（而且非常美麗）的姊姊——派特、克麗絲、凱特和金。也獻給約翰．伍登——謝謝你的信任。

——史蒂夫．詹明信

團隊，從傳球開始

五百年都難以超越的UCLA傳奇教練伍登
培養優越人才和團隊的領導心法

前言

史蒂夫·詹明信

打球就是為了贏

我和約翰·伍登面對面地坐在他家的書房，他在這裡已經住了超過三十年，突然之間，他的眼神一變，就像是獅子在打量獵物一般冷靜和小心：「我們打球就是為了**贏**？」他用平淡和生硬的語調問道：「我要和所有人說我們打球就是為了贏嗎？」

他說話的聲音帶著不悅，漸漸地變得嚴峻：「無論當球員或是當教練，我都想要贏得每一場比賽。我們打球就是為了贏。誰會不這麼想？」約翰·伍登曾經也是這麼想的。

這位美國當代運動史上最偉大的球隊舵手和競爭者之一，就這樣毫無預警地重又燃起了他競爭的雄心。他九十五歲了，已經是步入晚冬的獅王。但其餘威尚在，只要他一個眼神看過來，你的背脊仍會不自主地發涼。

現在，他在解決自己心中的疑慮，也就是「我們打球就是為了贏」這句話會被誤解或曲解：「史蒂夫，他們必須知道，雖然我一直都想要贏球，但贏球從來不是我衡量自己是否成功的方式。也不是我衡量我手下人是否成功的方式。」

他停了一下，然後發表一段簡短的澄清：「對我來說，在贏球之上還有一項標準。我絕不會讓計分板來評斷我是否成功。」

眾所皆知，過去這塊計分板其實多半都是對著伍登教練帶領的ＵＣＬＡ微笑：十二年內奪下十次ＮＣＡＡ全國冠軍；全國冠軍七連霸；八十八連勝；全國冠軍錦標賽三十八連勝紀錄；在十四個球季中打進十二次最後四強；四次全勝零負的「完美」球季。以上這些紀錄，別說一百年，恐怕五百年內都會讓後繼者望塵莫及，難以超越。

所有約翰．伍登帶領的球隊中，只有一隊曾經有一季輸多勝少。那是遠在一九三二年到一九三三年球季，他第一年在肯塔基丹頓高中帶領綠魔鬼隊。其後的四十年間，不再有任何一季的戰績是敗多勝少的。

即使他創下了這些耀眼的成績，這位領導者和嫻熟的球隊舵手**卻從來不曾對他所帶領的球隊提到「贏球」這兩個字**。為什麼？他要他們把焦點全放在更高的標準上，對他來說，那個標準的重要性更勝贏球。

這也帶出了一個問題：「嘿，什麼樣的標準會比贏球還重要？」要想得到解答，你可以從過去十多年來我與伍登教練合作的成果當中去找尋答案，像是多本暢銷書（《伍登心法》及《伍登領導術》等等）、我們在公共電視網的得獎節目「伍登：價值，勝利和心靈的平靜」、頗受好評的官方網站，CoachJohnWooden.com，以及即將發行的個人傳記電影。

努力是最高標準

在他生涯的早期，約翰．伍登的信念就已經成形。他認為，成功應該是由我們自己來評斷。他也認為，成功是一種心靈的平靜，只要你付出絕對及完全的**努力**，盡你所能地去做到最好，就能獲得成功。你為了發揮你的潛力而付出的努力才是最重要的。

對約翰．伍登來說，**那**就是成功。這和贏球不一樣，也不是只求在球場上、商場上，或是在人生當中打敗你的對手。

你必須有一個重要的認知：**成功**和**贏球**在伍登的世界裡是完全不同的兩個概念，而成功的重要性遠勝過贏球。曾經擔任伍登的助理教練的艾迪・鮑威爾曾說：「有時候贏球會比輸球更讓伍登教練生氣。那是因為我們**沒有**發揮出十足十的潛力卻贏了球，對伍登教練來說，這遠比我們打出自己的最佳表現卻輸了球還要糟糕。」

這畫出了一條極為不同的領導之路，開創了一個全新的宇宙，一切不再是「贏球就是唯一目標」、「不計一切代價也要贏球」或是「去給我贏球，寶貝！」

但約翰・伍登其實很想要贏得「**每一場**比賽」。這一點，當然明顯地悖離了其信念及行為。更具體地說，伍登教練強烈的競爭直覺和求勝欲望一直伴隨著他，但同時他也一直深信著他的個人定義：成功不只可以取代勝利，而且經常可以超越勝利。

想要調和這兩種衝突的概念是很具挑戰性的。既要盡你所能地全力求勝，又不能讓勝利變成你是否成功的判斷標準。但是在全盤了解約翰・伍登的競爭心法、建隊邏輯和領導力之前，你必須先了解一件事：他可以在追求贏球的同時，又**不讓**比數、獎盃、頭銜或是冠軍等結果來評斷他自己或球隊是否成功。

這就是本書的主題：他如何在傳授球隊贏球之道的同時，又讓他們相信有比勝利更高的標準存在。在這其中，存在著約翰·羅伯特·伍登的領導基因，他不僅是一位能夠不斷贏球的總教練，也是一位從不提贏球的領導者。

本書也收錄了幾位前球員及經理的關鍵觀點，其中不只包括了UCLA王朝的成員，也包括了伍登教練剛開始帶隊時的球員及同事。時間橫跨數十年，但他們都異口同聲地說：約翰·伍登是一個有人格的男人，他非常關心自己所教的球員。

他帶過的球員都可以為他的人格做見證。他們用的形容詞包括了：「要求極高」、「誠實」、「意志堅定」、「極為專業」、「關心」、「很有驅動力」、「充滿敬意」、「誠懇」、「有決心」、「紳士」、「精準」、「充滿活力」、「道德心強」、「很有組織」、「很有進取心」、「鐵石心腸」、「謙和」、「慎重」、「競爭力強」、「很有紀律」、「聰明」、「平衡」、「很有工作道德」、「先鋒」、「風趣」、「激烈」、「積極」、「有耐性」、「固執」、「公平」，和「忠誠」。

是否有人抱怨伍登教練呢？當然有。排不進先發的球員通常都不會太開心；很多人會抱怨。少數幾個還會因此而感到痛苦，但他們全都服膺約翰·伍登創造的體系。這就是一名傑出領導者的標記。

約翰．伍登為了贏球而十分努力，他帶的球員也一樣。但，他的父親——約書亞．休斯．伍登早就已經教會他的兒子，比贏球更重要的競賽是在我們自己的心裡。那就是我們為了「成就最好的自己」所付出的掙扎和努力。

你會發現，這個觀念說說容易，真要全心擁戴卻非常困難。想要真心相信成功的首要評斷標準是你努力的品質，而不是終場比數、升官、調薪，或是其他的物質標準，雖然很**難**做到，但並非不可能做到。

約翰．伍登做到了，這也是他為何能成為二十世紀最偉大的贏家之一。他始終堅守他父親教給他的成功之道。

做為一個領導者，約翰．伍登有複視的能力；他的左眼是顯微鏡，他的右眼是望遠鏡。看大方向的時候，他會用右眼的望遠鏡找到完美的執行及表現。看近距離的時候，他則會用左眼的顯微鏡找出關鍵的細節，以成就個人的完美，也就是他所謂的**極致競爭力**。

那在這遠近之間，又存在著什麼呢？正是他所創造的「成功金字塔」，這是他逐步完成大方向的完整藍圖。這些內容形成了這本書，完整呈現了這位大師、名教頭和傳奇領導者的成功哲學與領導心法。

作者序

我與史蒂夫·詹明信合作已經超過十年了，我們一同向世人分享我的成功哲學以及實踐之道，成效極為豐碩。我非常滿意我們的成果。對於我的處世哲學以及領導心法，也就是我身為領導者的一切作為及箇中原因，他都有全面的了解，也可以非常出色地貫串與傳達我的想法。

這本書我們再次合作，並針對前作《伍登領導術》的主題加以擴大。

我所傳授的團隊經營之道一點也不花稍，完全不需要特殊的天賦、優勢，或權術。說白一點，想打造一支團隊，只需要全力遵守本書提及之原則與意念即可。

我的首要信念就是，成功就在於全體成員緊密的凝聚之中。要我來說，**成功**，並不是由名聲、財富或是否拿下冠軍來決定。當然，向大多數眼中只有冠軍的教練說，世上還有比勝利更重要的事，他們會覺得這根本是胡說。

我一直不斷和我手下人講，每個人都有某種**獨特**的潛能。我們的首要任務，就是盡最大的努力去發揮自己的潛能，為團隊服務。對我來說，這就是成功。

當一切條件水到渠成，我們就會發現自己已經是冠軍了。當我們實現自己的才能，開發出所有的潛能，若真能獲得冠軍，那不過是因我們的努力伴隨而來的其中一項成果罷了。成功或許會帶來勝利，但勝利不一定代表你成功。我也相信人比人氣死人，一個人的成功，不是拿自己和他人相比，這種事自然有人會幫你做。我評斷自己和手下人是否成功的方法，是著眼於我們究竟為打造一支最佳團隊付出了多少努力。

當然，在二十一世紀的今天，與他人比較並汲汲營營於追求冠軍，似乎已經是全國性的集體中毒現象。

如果這是你定義成功的方式，那也行。然而對我來說，這行不通。我採取的方式很不一樣，本書要分享的就是關於我的成功哲學與領導心法。我衷心希望你能從中找到一些點子，並有效落實在你的團隊裡。

目次

我在一九三四年的某個冬夜寫下了這句話，來解答我在執教生涯初期所面臨的麻煩問題，它也成為我對成功的定義基礎：「成功是一種心靈的平靜，當你知道自己已盡其所能地變成最好的自己時，你不只獲得了滿足，也從而獲得了平靜。」

不只用你的耳朵，還要用你的雙眼去聆聽。一個受了傷的球員會和我說：「我沒問題的，教練！」他會說謊，但他的身體不會。身為一個教練，還有比這更相關的資訊嗎？身為一個領導者，還有比這更有用的資訊嗎？用你的雙眼去好好聆聽吧！

美國人不鼓勵你當第二名，真正重要的是當上第一名。但當你發現有人在所有重要的項目評比上都是第二名時，你已經為你的組織找到一個具有偉大潛力的新人。

你去聽聽一位好教練在贏球之後所說的話。他會讚美隊上的球員，就好像他們的成功不關他的事一樣。任何他手下人所犯的錯誤，他會一肩扛起一切責難。

第一部

領導，價值，勝利與成功

給全隊的季前信

一九七一年七月二十三日

如果你們每一個人都盡一切努力開發出最強的自己，遵行適當的行為規範達到最佳的體能狀態，將團隊福祉置於個人榮耀之上，並且不讓自己與隊友或教練之間因意見不合而影響到自己或隊友努力的成果，今年將會有很大的收穫。

我是誰

我很幸運能成為一名導師。我相信教育是世上最有價值的工作。其重要性也許僅次於為人父母。

這本書是我的領導哲學、我的成功之道，以及我的執教方針（也就是所謂的「團隊營造術」）。我大半生都在傳授這三件事。它們緊密結合，成了我整套體系中的基本元素。

韋伯斯特先生在其《韋氏詞典》裡，對導師工作的定義很有啟發性：給予「具特定目標的指示與引導，直到指派之責任與任務能確實被迅速且**成功地執行**為止。」

過去四十年，我一直為達成上述目標而努力。作為一名領導者與教練，我教導團隊成員該如何以其最高水準的個人能力，成功地執行他們的角色與責任，並且為團隊效力。

在任何專業領域裡，所有優秀的領導者都致力於達成相同的成果，在我的經驗中，這些稱職的領導者，都是優秀的導師。

領導力的最大回饋

韋伯斯特先生沒說的是，在成為一名導師、教練，以及領導者的過程中，會發生令人驚奇的事：你會創造一支貨真價實的團隊，此一團隊成員結合在一起的緊密程度，只有牽繫終身的家庭關係能與之相比。

我對領導力最為鍾愛之處就在於此。憑藉著它，我有權力不斷打造一支被稱為「團隊」的特別家庭，這群人致力於企及極致競爭力與成功，並讓我成為其中的一員。我真的很幸運。

領導力的先決要件

下述這句話值得思考，它直指當一位有效領導者的本質核心：「活著，彷彿明日不再；**學習**，好似此生無盡。」

這句話傳達了一種恰到好處的衝勁與渴求。不要浪費任何一天，並且永無止盡地追求知識。這句話教導你如何成為一位啟蒙人心的領導者，這樣的領導者才能風範長存。

領導力能否持久，從某方面來說，跟你是否熱愛及渴望學習有關。

領導者學無止境

班・富蘭克林曾就一名他在費城認識的人提出如下觀察：「他二十五歲就死了，然而卻到七十五歲才下葬。」富蘭克林先生其實是在描述一個早就停止學習的人。

在我的專業領域裡，領導者被稱為「教練」。想成為一名出類拔萃的教練與領導者，你就必須是一名好導師；想成為一名出類拔萃的導師、領導者與教練，你就必須是一名持續學習的學生。你可不能在二十五歲就死了。

我相信學習的關鍵在於全神貫注地聆聽。這是我逐漸體會到的，之所以會有如此領悟，乃是因為我有幸與許多值得聆聽的導師相識。

人格的指南針

我們比賽就是為了贏，這沒錯，然而在終場比分出來之前發生的事情才是關鍵。身為領導者、導師與教練，我的思想起點都在同一個人身上：約書亞．休斯．伍登。在領導力與人生哲學上，他一直是我的指南針，是他教給了我比終場比分更重要的東西，**以及**什麼能取代它。

我的父親是一個非凡的人。在漫長的自學時光裡（像亞伯拉罕．林肯總統一樣），他深深受到經典文學與詩的吸引。他才智敏捷、通曉常理，而且擁有充沛的體能與感情。我父親具有過目不忘的記憶力。每當想起他坐在廚房裡用鋼筆玩字謎遊戲的樣子時，我仍會不禁會心一笑。他鮮少有答錯的時候。

他也有務實的智慧。舉例來說，他會不斷提醒他四個年輕的兒子，要遵守良好品行的守則，也就是他所謂的「兩個三不」。第一個「三不」與正直有關：

一、絕不說謊
二、絕不欺騙
三、絕不偷竊

我父親的第二個「三不」則是當事情不盡人意時，教你應當如何自處的建議：

一、不要哀嚎

二、不要抱怨

三、不要推託

他將「兩個三不」清楚落實在行動裡，言行一致，那是一種伴隨著人格產生的力量與自信的典範。

我們家在印地安那州的中頓地區，父親在自家農場裡辛勸工作養家，雖然不是富有人家，我們還是餐餐有飯吃。我母親會做水果與蔬菜罐頭；我爸則懂得屠豬宰雞。即使在冬天最黑暗的日子裡，我們的晚餐還是有辦法吃到豬排、紅蘿蔔、新鮮牛奶，以及脆皮櫻桃派。

到了一九二六年，我們運氣不好，被迫出讓農場，舉家搬到附近的馬丁斯維爾，我父親在當地的療養院找到了一份工作。

我父親相信，人如果想要有出息的話，就應該要有一套有效且值得實踐的人生哲學。雖然我沒能遵守他所有的教誨，但是我發現它們對於人生的不同階段都很有意義，尤其是跟領導力相關的部份。

接下來容我分享一些基本概念，我從普度大學畢業開始自力更生以來，這些概念就一直跟著我，它們後來依序帶領我找到競爭與成功的方式。

我也會分享一些我從另外兩位人物身上學到的領導力基礎。

寧靜方能使力

我在印地安那州中頓地區的農場上長大，那裡到處都是石礫坑洞。中頓隸屬於摩根郡，該郡常會聘用當地農人，帶著騾群或馬群來到這裡運載石礫，再運送過去鋪路。有些坑洞比較深，想從潮濕的沙子裡與陡峭的斜坡中把卡在坑洞且裝滿石礫的貨車拉出來，是相當困難的。

在某個熱氣蒸騰的夏日裡，一個二十歲左右的年輕農夫要他的馬把裝滿石礫的貨車從坑洞裡拉出來。在他的鞭打和咒罵之下，那兩匹漂亮的犁馬已經口吐白沫，不斷跺步，而且開始躲他。

我父親在旁看了一陣子，然後對那位年輕的農夫說：「讓我來幫你搞定牠們吧！」我想那位農夫在交出韁繩時應該覺得如釋重負。

我父親一開始先對這兩匹馬說話，幾乎是跟牠們耳語，然後輕輕拍撫著牠們的鼻子。接著他在兩匹馬之間走動，一邊拉住牠們的轡頭讓牠們咬住，一邊繼續非常平靜與溫和地跟牠們說話，直到牠們平靜下來。

接著他面向牠們，慢慢地往後退，吹了個小口哨，利用韁繩引導牠們開始向前移動。在片刻之間，這兩匹大犁馬就把貨車從石礫坑洞裡拉了出來，說多簡單就有多簡單。彷彿牠們很高興這麼做似的。

我父親既沒有鞭打牠們，也沒有暴跳如雷，更沒有吼叫和咒罵。我永遠不會忘記當時眼前這一幕，以及他用**什麼方法**辦到這一點的。

這麼多年來，我已經看過太多的領導者就像那位憤怒的年輕農人：失控、訴諸強迫與恐嚇。他們的結果通常都一樣，那就是，沒有結果。

秉持我父親那種平靜、自信與穩定的態度，通常可以完成更多事情。然而，對多數人來說，我們當下的第一直覺就像那位農人一樣，採取暴力而非以審慎甚或溫和的態度去使力。很不幸地我也是如此，早年遇到某些事，我也是一個以暴力方式解決問題的領導者。

「柔弱勝剛強。」亞伯拉罕．林肯這段話讓我想起父親以及那天在石礫坑洞的情景，他正是一個以溫和見長的巨人。

了解力量與暴力之間的差異

當你尊敬的人拍拍你的背時，那就是最大的動力，雖然有時那個「拍拍」下手必須有點沉、有點重。這對馬匹很管用；對團隊的任何成員來說，也很有用。我父親明白什麼樣的拍拍是必要的，也知道何時該給個拍拍。他明白暴力與力量之間的差異。

他許多方法最終都成了我一部份的領導心法——有時候要硬，有時候要軟，有時候讓這股力量變得溫和，有時候則要利用這股力量來迫使對方服從。這種成熟的智慧，只能從過往的經驗學習，當你能夠這麼做之後，你便能了解，雖然暴力可能適用於某些場合，但通常比不過溫和的力量。

領導的力量

有些人聽到我說自己曾採取溫和的執教方式時，可能會覺得很好笑。從某方面來說，他們或許是對的。我過去的態度**非常**直接，可說是既嚴格又苛求；很多人甚至會說我很「嚴厲」。我當時也應該採取像我父親那樣的溫和方式才對。

面對批評，我想自己最終還是以寬容與理解、而非憤怒或斥責來應對。舉個例子，在一九七〇年賽季結束後的球隊慶功宴裡（那一年我們拿下第六個全國冠軍），我的球員比爾·賽柏對著現場的來賓說了一段話。

他那段話夾帶著相當尖銳的人身攻擊。他歷歷數來，說我有雙重標準，偏愛某些球員，而且缺乏跟球隊溝通的能力。

當著我的面，比爾告訴大家說，在UCLA大學籃球代表隊的這幾年，對他而言是非常不愉快的經驗。

當時我非常震驚與尷尬，不過倒是沒有惱羞成怒。事實上，稍後我便向全隊表明自己願意聆聽，也願意為公平與溝通更加努力。過了不久，比爾便和我談開了。

如此具有建設性的回應方式，早期在我的執教生涯中是無法做到的。靠著日積月累的努力，我才逐漸能夠把父親的那一套導入自己的執教方式中。

此外，我對手下人在生活上的關懷是出自真心的，就跟約書亞·伍登會做的事情很像。在練球之前，我會跟每個球員閒聊：「你媽媽還好嗎？」「你姐姐喜歡來這裡玩嗎？」「你的數學考得怎麼樣？」這些真誠的溝通和等一下硬邦邦的練習無關。

在練球時，我們會拚死命地練習，而且我當時已經知道哪些球員需要比較溫和的批評與指導方式。（你得相信這對我而言可不容易。想要保持外在的溫和，內在的我得花更多別人看不到的力氣。我不是柔軟的人，一點也不是，但在適當的時候，我漸漸有自信能照著我父親的榜樣去做。）

只要是我帶過的人，每一個人都會跟你說我們的練習不只井然有序，而且操到讓人筋疲力竭。我相信他們也會跟你說，我會在適當的時候給他們來點溫和的甜頭，但在必要的時候，我也會狠狠地揮鞭抽打。

溫和自有強大的力量，或許在所有力量之中，它是最強大的。沒有它，你的領導力便與一個獄卒無異。呆站著監視一幫囚犯，只要你一轉身，大家就全跑光了。

10分鐘生活課

約翰．葛森史密斯
南灣中央高中熊隊
一九四一至一九四三年

有時候我們會休息十分鐘，他就會趁機對我們傳授生活中種種的課題。我們在球場上圍著他坐成一圈，他說：「我要你們全都記住我要說的話：一、不要抽菸。那對你不好。二、要尊重你的父母與教練。三、今天晚上要稱讚你媽煮的晚餐超好吃。」他對我們的關心遠遠超過籃球。伍登教練關心我們的生活。

我父親的七大信條

我從中頓小學畢業時，父親給了我一張他稱之為「你該遵守的七項建議」小卡。那是他送我的畢業禮物。雖然他沒什麼錢，不過他送給我這份禮物並不是出於財務上的考量，而是另有原因。

詹姆士．羅素．洛威爾有一首詩是這樣開頭的：「重點不在於我們給了什麼，而在於我們分享了什麼／若沒有給予者的心思，禮物就是空洞的。」

父親希望與我分享他心裡的話，他寫在卡片上的就是下述這七點。當他把卡片遞給我的時候，還對我眨了個眼，鼓勵我說：「強尼，只要遵守它們，你就能做好所有的事情。」

一、真誠待己
二、幫助其他人
三、把每一天都打造成你的傑作
四、從好書中吸取深意，尤其是《聖經》
五、把友情變成藝術
六、未雨綢繆
七、祈求指引，重視並感謝每一天你受賜的福澤

這七項建議在過去這些年來深深地影響我的所作所為。事實上，我很快就不再叫它們「建議」了。這幾十年來，我一直將它們稱之為「我父親的七大信條」。每

一條都很重要，但我要特別詳述以下這一項。

人格與誠實

莎士比亞在《哈姆雷特》裡寫了這樣的句子：「務奉為圭臬：誠實待己。」這是國王御前大臣波洛紐斯在他兒子雷奧提斯回法國之前給予的庭訓。

我父親的七項建議中的第一條也是相同的忠告，只是遣詞用字不同而已：「真誠待己」。

「真誠待己」這四個字自此成為我生命的一部份，尤其在我長大成人之後更是如此。一路來我一直在思索著它們的意義：真誠待己，即真誠對待你由衷相信是正確的一切事情。

很顯然地，父親鼓勵我在面對阻撓時要堅定，不要因為大家的看法或奇想而有所動搖。堅持你所相信的一切。但除了對信念的勇氣，他話中還有其他深意。他要我的信念健全而正派。我父親要我做對的事情。

然而什麼是對的？這才真是個問題。

一個搶劫犯可能認為搶劫是對的；一個政客可能相信因權勢而受惠是對的；一

個人可能相信結果能把手段正當化；所有的暴君可能都相信他們是對的。什麼才是對的？

這是一個你必須自問自答的問題，尤其是當你身處領導者的位置時，你得自己找出答案。什麼是對的？你該對**什麼**真誠？

這些問題直指你作為一個人與一個領導者的核心，直指你的人格與誠實，也直指你如何對待別人。

什麼是對的？你的答案又是什麼？

且讓我分享父親的行事道德規範，也就是做對的事情。它很簡單、扼要，沒有浮誇的詞藻。對我來說它一直是我的試金石，帶我回頭尋求關於誠實、道德或是人格等問題的答案。我也嘗試將此原則應用在我和手下人的關係上。我父親判斷什麼是對的方法很簡單：「你希望別人怎麼對你，你就怎麼對別人。」

人格何以重要

每年春天降臨印地安那州時，溫暖的氣候會慢慢融化覆蓋在我們農場附近一座小池塘水面的冰。雖然水面的冰看起來安全又堅固，似乎硬得可以在上面行走，但還是非常危險。

有人稱這種冰為「殘冰」。踩在這一處，或許不會有事，然而踩在另一處，冰可能就裂開了，人也跟著掉進池塘裡。這種冰是不可靠的。

一個領導者如果難以遵守這種推己及人的「黃金定律」，他就好像春日裡印地安那州的冰面一樣，靠不住，信不得。團隊與領導者之間如果沒有信任，就根本沒有所謂的團隊——他們只是一群烏合之眾罷了。

在嘗試尋找對待團隊成員的方法時，我向來認為「黃金定律」是一個好的開始。遺憾的是，有太多的領導者不願遵守「黃金定律」，他們的行為與決策基礎全取決於如何讓自己賺到更多的錢。

你要用推己及人的態度去對待別人，但不是要你給他們特殊待遇或是讓他們受之有愧。一名球員若沒有好到可以當先發，那他就進不了先發名單。一個人若沒有足以入隊的才華，他也進不了球隊。這是公平的。說到底，「黃金定律」的內涵正是公平與正直，也就是以正確的方式待人。

如果你覺得這條定律過時、不切實際、天真或陳腔濫調到不可思議，那我相信你完全錯了。我不會想加入你帶的球隊，也不會讓你成為我的隊員。

相反地，一個正確待人的領導者會發現，對的人會被他或她的組織吸引進來。為什麼？因為人格很重要。

趕上父親立下的標準

有人問我：「伍登教練，你有一直遵從你父親的建議，跟隨他的示範，忠於他的教誨嗎？」

我只能說自己一直努力用他會感到光榮的方式做事。這句話的意思是：「我沒有做到，但我一直試著這麼做。」以下這些話說明了一切：

我不是我理當成為的人；

也不是我想要成為的人；

更不是我即將成為的人；

但是我很慶幸我不再是過去的那個我。

這是真的。這一路以來無論我有何長進，絕大部份都要歸功於我父親與他的教導。

他是我冀望能趕上的人格標準，也是我嚮往成為人師與領導者的典範。

堅持信念的勇氣

我在印地安那州中頓區就讀小學時，我們籃球隊的教練是厄爾・華瑞納老師，他是一個很有原則的人。他也是學校的校長，而且對於球隊的**本質**有他個人的獨到見解。

我還那麼小就有他教我何謂領導，你可知道我有多麼幸運？

他給我上了兩堂領導課：一、沒有任何一個球員的重要性能超過整支球隊。二、要甘願承受你堅持信念的後果。

有一次我向華瑞納教練要求特殊的待遇，希望他能派個隊友到我家農場去幫我拿球衣，結果他不准我參加比賽。我被他叫去坐冷板凳，因為我仗著自己是全隊最佳球員，就想讓隊友幫我做自己該做好的事。

當我爭辯說，如果我沒上場我們就輸定了，他回道：「強尼，有一些事情比勝利更重要。」

就在那一天，我了解到隊上的唯一主角是**球隊**，而不是特定的球員，就算他的能力再強也一樣。即使我是最佳球員，我依然得為自己想獲得特殊待遇、想用我的地位去占他人便宜而被罰坐板凳。我就坐在那張板凳上看著自己的球隊被痛宰。他給我的這則教訓，多年來我都謹記在心：隊上的唯一主角是球隊。即使輸了球，華瑞納教練依然勇於承擔他堅持信念的後果。

你或許會想：「哦，只不過是一個為小學生舉辦的小型籃球比賽而已，他要堅持自己的信念並不難。」你這麼想就錯了，因為就算事情攸關他的生計，華瑞納教練依舊堅持他的原則。

在華瑞納老師擔任印地安那綠色城鎮小學校長的時候，他開除了一名行為極其惡劣的學生。那個男生的父親是校董會的董事之一，他馬上衝到華瑞納老師的辦公室，要求讓他兒子立即復學，否則「我會讓你丟了飯碗，華瑞納。」這人可不是隨便說說而已。

華瑞納老師拒絕妥協，寧願被開除也不願違背他的信念。一年後，那個發飆的父親離開了校董會，他們便將我的前教練重新延聘回校。華瑞納老師是一位有勇氣堅持信念的人，而他的信念正是勇敢。

他對我的影響非常深遠。厄爾．華瑞納的原則不會為了自保而打折。他也不會像許多人那樣屈從於權宜之計。他是一個極有骨氣的人。

面對失敗永不退縮

我所受的訓練是不要害怕犯下適當的錯誤。沃德．「小豬」．蘭伯特是我在普度大學打球時的總教練，那時他常告訴我們，犯下最多錯誤的那支球隊通常都會贏球。

他的立論何在？如果你沒犯什麼錯的話，代表你什麼也沒做，也就是不敢嘗試去實現你的想法。想贏球的話，你就得放手去做。這在其他的領域裡也是一樣的。

蘭伯特教練教我要採取行動、要開創、要大膽去做，不要因為害怕失敗就退縮。錯誤乃是勝利的要件，但絕不是那種愚蠢的錯誤，或是因為匆忙馬虎而導致的錯誤，而是深思熟慮的聰明人在嘗試實現想法時所犯下的錯誤。一個聰明的錯誤是永遠不會遭到批判的。

我後來也教給我手下人相同的道理：準備、計畫、努力練習，然後無懼失敗去實踐。過程中可能會犯下錯誤，然而領導者是絕不會在這種狀況下退縮的。

就像我的父親與華瑞納老師，沃德．「小豬」．蘭伯特教練也會為了自己的原則毫無畏懼地挺身而出。他做自己認為對的事情，也就是對球隊最好的事情。這樣的付出，給他手下人帶來的啟發是我永遠難忘的。蘭伯特教練是一個能在團隊中啟發尊敬、信任與愛的領導者。

在我的成長歲月中，這些風骨人物都是我的傑出榜樣。他們的言行振聾發聵，而我則是試圖在自己的領導心法中呈現他們的原則。

在我擔任總教練的四十個年頭裡，我的父親、厄爾．華瑞納，以及渥德．「小豬」．蘭伯特教練，這三人密不可分地交織在我的領導體系裡。

觀點的重要性

觀點很重要。當我就讀於印地安那州的馬丁斯維爾高中時，父親給我一篇他偶然讀到的短文，內容是關於「擔心」：

這世上只有兩件事情真的需要擔心：你究竟是成功者，還是失敗者。如果你是成功者，那就沒有什麼好擔心的，但如果你是失敗者的話——

那你只有兩件事情需要擔心：你究竟是健康的人，還是不健康的人。如果你是健康的人，那就沒有什麼好擔心的，但如果你不健康的話——

那你只有兩件事情需要擔心：你究竟能否重獲健康，還是無法重獲健康而過世。如果你重獲健康，那就沒有什麼好擔心的，但如果你無法重獲健康而過世的話——

那你只有兩件事情需要擔心：你究竟會去大家都想去的天堂，還是另一頭的地獄。如果你會去天堂，那就沒有什麼好擔心的，但如果你走向另一頭的話——

那你就會和那裡的朋友和人們在一起。

所以說，何必擔心？

——無名氏

雖然這篇短文只是開玩笑的嘲弄戲文，這些年我一直保留著它。當許多事情朝你排山倒海而來的時候，值得一再重讀。

關心何以帶來成果

「擔心」（Worry）只是為了未來在發愁。「關心」（Concern）則是思索未來的解決辦法。當你「關心」時，你是在分析與決定該如何改進以及從何下手。如果你是在「擔心」，一邊絞擰你的手，一邊想像各種不好的狀況，那你只是在苦惱那些無論如何都不會變好的事情而已。

「關心」帶來成果；「擔心」則讓你難以闔眼。我很少因為發愁而睡不好覺；我通常是為了思索解答才一夜無眠。

盡己所能

每次比賽結束之後我很少睡得好，但在比賽前一晚我總是睡得很香甜——即使明天就要打全國冠軍賽也一樣。因為到那時候我的工作基本上都已經完成了。

我已經把**關心的問題**給找出來，並妥善地予以處理及解決了，所以我不覺得未來有什麼好煩惱的——而我也確實一點也不煩惱。別誤會，我並不是不看重明天比賽的結果；結果當然很重要。

然而，更重要的是我已經獲得了由衷的滿足，因為我傾盡全力訓練我們的球員，讓他們做足準備展現最強的自己，也讓他們有辦法達成極致的競爭力。

你可以不相信我說的話，但這是千真萬確的：和打敗對手相比，知道自己已經盡到一個作為人師、教練以及領導者應盡的責任，會帶給我更大的滿足感——那是一種心靈的平靜（當然，如果兩者同時發生的話，帶給我的感覺尤其棒）。

接下來，我會睡得非常好，覺得很舒服，因為我知道自己已經在能力所及的範圍內做到最好。這種感覺就是最舒服的枕頭。

下次你若是在半夜驚醒，不妨這麼問自己：「我是在煩惱未來，還是在思索出路？」

如果是前者，去喝一杯熱牛奶，然後試著回去睡。如果是後者，去喝一杯熱咖啡，然後開始做筆記。

謹慎提供建議

我父親從來不擺出一副高人一等的架子。他雖然聰明、飽覽群籍，而且說話條理分明，卻不濫下指導棋。如果可以的話，他傾向於**不給**指示，而是提供意見。告訴別人該怎麼做，跟提供建議是不一樣的。這兩者的差別在於，一個是你表現出一副什麼都懂的樣子，另一個則是你相信別人也會有寶貴的想法與意見。

如果別人敬重你，那麼你的**意見**通常會比你的指示更加有力，也就是說，你不需要告訴別人該怎麼做。

大多數人都不喜歡別人告訴他該怎麼做。當然，有時候那是必要的，但你多半不需要這麼做。作為一個領導者，你必須知道差別——何時該提供意見；何時該給予指示。

提供意見時，你還必須言之有物才行。

批評時請寬容

我從來未曾聽過父親說過別人任何一句壞話，連一次也沒有。這很難得，但他卻做到了。我父親相信說別人壞話是一種壞習慣。

見不賢而內自省，當我看到別人的缺點時，我心裡明白自己的缺點也不少。每當看到別人犯了錯，我心裡總會忍不住想要出言指點一番，但我努力跟隨父親的榜樣，絕不說別人的壞話。

好運：計畫的附加價值

每個人當然都有好運的時候，不過和那些沒什麼成就的敵手相比，能打造出常勝團隊的領導者似乎總享有更多的好運。何以如此？

已故的布藍區．瑞奇曾是籃球界第一流的行政主管，他曾經雄辯滔滔地對好運一詞下了總結：「好運，是計畫的附加價值。」

不過你要記得，所謂的「計畫」是指仔細的安排與謹慎的準備，其目的並不在於製造出更多的好運，相反地，計畫的目的是避免好運成為你成功的主因。

我跟大家一樣都樂於擁有好運，但是我可不想非靠運氣才能順利成功，或是對手能靠好運打敗我們，所以我極力避免發生這種情況。

做為計畫的附加價值，好運自然很重要。但對我來說更重要的，當然還是把「計畫」本身給做好。

做足準備

艾迪·鮑威爾
南灣中央高中代表隊·助理教練
印地安那州立師範學院·加州大學洛杉磯分校

伍登教練從不把希望寄託在運氣上。最早從南灣中央高中開始，到後來的印地安那州大，再到UCLA，他一直都用三乘五大小的提示卡來記錄我們每一分鐘的練習情況。他的作法超有組織，而且極為徹底。他不想把成功交給運氣決定。他要做足一切準備，把運氣的成份降到最低。

絕對不要讓團隊中的任何一個成員難堪

在我還在打球的時候，跟大多數的年輕球員一樣，只要我的教練給我一個表揚、一個讚美，或是拍一下我的背，就是我最大的進步動力。對我來說，當眾責備我、懲罰我，或是讓我難堪，都不是讓我努力的動機。

我的小學教練厄爾．華瑞納知道如何在不造成傷害的前提下懲戒學生。他不會小題大作。如果我做了任何犯規逾矩的事，他只會把我的名字從先發名單拿掉而已。就這麼祕而不宣地，我被罰坐板凳了。

我的高中教練格藍．寇提斯下手就重得多了。有一次，他要我在全隊面前向一名隊友道歉，但那件事根本不是我的錯，我是被他絆倒了才會和他打起來。被他叫出來訓斥之後，我整個人氣到把我的球衣撕爛，踢掉我的球鞋和襪子，把它們全扔在體育館的地板上，然後球也不練了，當場暴衝走人。

寇提斯教練在我的隊友面前讓我難堪，逼我反抗，這既不必要，也起不了作用。我後來有兩個星期都不進球隊練球。

我的大學教練「小豬」蘭伯特帶領球員則是很有自己的一套。他對人性有非常精確的了解，他也是我發展自己的教練方法時所參考的主要典範（雖然我花了很多年才把他的技巧完全融會貫通）。

蘭伯特教練是個恪遵紀律的人。他或許嚴苛，但從來不會針對人，也從不為難或羞辱他帶領的球員。「嚴格，但要公平。」這是他的格言，我亦將之納為己用。

歡迎逆境

我們四兄弟——丹尼、比爾以及莫瑞斯——都是靠半工半讀念完大學的，既沒有拿到獎學金，也沒有學費減免的優待。

如果我拿到獎學金的話會不會很高興？當然會。靠自己努力上大學是不是讓我更堅強？我覺得是。

雖然我們知道面對逆境可以讓自己更堅強，但是沒有人會喜歡逆境。我深信靠一己之力付學費上大學的收穫，要比不用錢去念大學來得多出許多。

逆境讓你更茁壯，讓你下次遇到逆境時更懂得因應之道。我看過太多面對逆境的人，他們從中獲益更多。艱難的時刻讓你茁壯。所謂的免費也並非全無代價。

控制情緒

在執教生涯早期，我還是個很衝動的年輕教練，無論在自我控制或情緒管理各方面都很失敗。

那時候的我訂下很多規矩，要大家立即遵守，不准質疑。一旦他們不照做，我可能就會反應過度。

慢慢地，我學著讓自己不要因為生氣而做出反應，我也學會不要認為凡事都是衝著我來，改以理性與有效的態度去看待一切，與人們共事，然後去研究並了解他們。當然，關於這一點我做得並不完美，但是我試著持續改進。

在分析他人時，我同時也檢視自己，反省自己會做何反應，以及情緒化會給我帶來什麼樣的麻煩。

經過一番努力之後，我在管理自我感受這方面變得愈來愈好。某方面來說，它變成了一項重要的傳承，因為我開始教導球員也這麼做，讓他們知道控制情緒跟懂得如何罰球一樣重要。

如果不能控制自己的情緒，情緒就會控制你。而當情緒主導一切，你就輸定了。

重視情感的強度

我不信任情緒，也很害怕情緒化。前者很容易導致後者——情緒一旦失去控制，就會削弱你的能力。

一個情緒化的領導者很容易喪失清晰的思維。一旦如此，你反而是在幫助你的競爭對手，讓他們能輕鬆獲勝。

情緒化可能是致命的缺點。最重要的是情感的強度。焊工用的弧形火炬跟森林大火是不一樣的。兩者溫度都很高，但是焊工的火炬能精準地燒斷鋼鐵，而森林大火則會失去控制，摧毀整座森林。

我見過很多領導者對自己及球員發火，宣洩各種情緒。他們大聲嚷嚷、激動咆哮、四處暴衝，就像一隻發怒的公牛闖進了瓷器店，結果通常就是搞砸了一切。

情緒反覆無常是無法達成一致的穩定性與扎實的成就。我重視穩定性，但我更重視**強度**，因為它能帶來穩定性。

情緒讓你變得脆弱

「天鉤」賈霸（小路易斯·阿辛道）
UCLA校隊，一九六七至一九六九年
三屆全國冠軍

他的執教方式是**非常**冷靜的。他說強烈的情緒是沒必要的額外負擔。伍登教練認為，如果你帶著各式各樣的情緒去打球，你會變得很脆弱。「你給我上場去宰了那些傢伙！」伍登教練在賽前從不說這種話激勵我們。他會說：「我要你們上場，用我們練習過的方法去拿出你最好的表現！」他的話裡不會摻入情緒性的成份，要我們上場去「把這場比賽給贏下來！」之類的激情演說從來不是他為我們打氣的方式。因為我們都知道，如果我們能發揮出他在練球時就設下的標準，贏球應該就不是問題。如果我們沒能做到，我們輸了球，他就會承擔各方責備，然後試著在接下來的練習裡進行調整。他非常專注，而且非常熱切。他的情緒永遠都在自己的掌控之中。

穩定性造就冠軍

在情緒化的高峰之後，隨之而來的就是無可避免的低谷。我不喜歡努力的程度或是執行的結果出現高峰或低谷這樣的波動。對擁有極致競爭力的個人或團隊來說，起起伏伏可不是他們的水準。

在相同的條件之下，持續穩定地付出努力與專注力的個人或團隊，將會擁有不間斷的強度，從而擊敗情緒化和不穩定的對手。

在我邁向專業及成熟的過程中，我一直努力控制自己的情緒，我也相當自傲在四十年的教練生涯中，我只有吃過兩次技術犯規而傷害了我的球隊。而且其中一次還是裁判的誤判。

無論勝負，始終如一

雖然我一開始並無法掌控情緒，但是後來我確實逐漸做到了。舉例來說，既使拿到了全國冠軍，我也不會在贏球之後跳上跳下的。相對地，我也不會在輸球之後意志消沉，就算是在最後倒數時輸掉了一場大賽也一樣，包括一九七四年三月瘋的最後四強戰，那次我們在二次延長賽中敗給了北卡羅萊納大學。

無論勝負結果如何，我試著保持如一的態度。這是我從父親那裡學來的，他教我在高峰與低谷時保持警覺，並且讓情緒處在不高不低的狀態，以維持良好的判斷力。

雖然沒有人看得見他，但是父親就在我身旁，陪著我坐在球場邊的板凳上。在我執教生涯的早期，也許我有把他嚇跑過幾次；但我相信到了後來，他應該對我做為領導者的行為感到放心許多，因為我已經能控制自己的情緒了。

「推銷」你的價值與原則

一個好的領導者同時也會是一個好的推銷員。我們的首要目標，就是要把觀念推銷給我們帶領的人，像是球隊、組織或團體。在最好的情況下，這些觀念將構成我們的哲學。所謂的哲學包括三點：我們信奉與追求的原則；我們所做為何以及為何而做；以及我們會是什麼樣的個人及團隊。

你在推銷什麼？你的哲學是什麼？你所謂的成功又是什麼？

許多領導者堅持推銷「利潤」、「數額」或「勝利」。這些東西根本稱不上是哲學或成功的標準，它們**不過是**被製造出來的副產品、副作用或結果罷了。

當我的領導力臻至成熟之際，我已不再向球員推銷「勝利」，甚至避免去提到這兩個字。我開始推銷一些原則與價值，在我所定義的標準中，它們都是獲致**成功**的前提要件。這些特質都體現在我自創的概念體系「成功金字塔」之中。

這些特質之所以如此重要，一切都得回溯到我在肯塔基丹頓高中擔任英文老師與籃球教練的第一天開始說起。

錯誤的成功標準

才在教室裡待沒多久，我就對許多家長強加在他們孩子身上的標準感到很不舒服和心煩意亂，他們要求這些孩子一定要拿到頂尖成績，完全不管這些孩子是否能力不足、曾付出多少努力，以及準時出席。就我看來，這一點很不公平。

在籃球場上，我則是遇到一位氣呼呼的父親，因為孩子沒進先發名單就貶低自己的兒子。「這孩子是不是有什麼**問題**？」他這麼問我，而我沒有答案。

這孩子表現得還不錯，也盡了全力，卻仍被他父親看不起。這孩子什麼問題也沒有；有問題的是這孩子的父親，以及他對成功的標準。

類似的情況層出不窮，讓我不勝其擾。因此，才從普度大學畢業沒多久的我，又變回了一個學生。我開始尋找「何謂成功」的解答，並尋求一個更好的評分系統，來判定何謂成功。

麻煩的問題

這世界沒什麼大變化。當我年輕時，成功對我的意義跟現今大多數人認為的一樣，無外乎名聲、財富，和權力。在教室裡它就是名列前茅；在教練圈裡，就是贏得比賽；在商場上，就是大筆利潤；在政治場上，就是權力。

拿出你最好的表現，結果卻輸球了？你是個輸家。打敗次等的對手，或是靠運氣贏球？你是個贏家。就我看來，這兩種標準都是錯的。在拿出最好表現之後，我該覺得自己是個失敗者嗎？不該。若我沒有付出全力，我算得上是個勝利者嗎？不算。

但是當我還在丹頓高中當教練與老師的時候，我每天看到的都是這種錯誤的態度，讓我想要為自己的學生和我自己尋找出更好的方式，也就是更有建設性的成功定義與標準。這種追尋帶我回到我的童年。

成功的禮物

一位好父親送了一份特別的禮物給他的孩子，這孩子花了很多年卻無法打開它。當我父親第一次送給我他的成功哲學作為禮物時，我無法完全領會他話中的智慧。我當時太年輕了。

我們曾在田野收割後走過粗硬的殘梗間，也曾在寒夜裡圍坐在柴火燃燒的壁爐邊，這時我父親會對我說：「強尼，記住這句話，而且要好好地記住：『永遠不要企圖變得比誰更好，但是永遠不要停止成為最好的**你**。你能掌握的是後者，不是前者。』」

這是他教我評斷自己是否成功的方式，也就是以我實質的**努力**做標準，而不是我在籃球場上、教室裡，或人生中打敗多少競爭的對手。

很顯然地，無論在什麼情況下，我們都要努力去爭取勝利，但對我來說，首要前提就是要付出百分百的一切努力，盡我所能地去變成最好的自己。

這是我父親給我最好的禮物，也是我整套領導方法的起點。他讓我知道評斷成功的最終標準，應該是我們為了實現最佳的自我而不斷付出的努力。

我在一九三四年的某個冬夜寫下了這句話，來解答前述我在執教生涯初期所面臨的麻煩問題，它也成為我對成功的定義基礎：

「成功是一種心靈的平靜，當你知道自己已**盡其所能**地變成最好的自己時，你不只獲得了滿足，也從而獲得了平靜。」

如你所見，這一切都根基於我從小學到的道理，那個在印地安那農場上長大的年輕男孩從小就知道：盡我所能，就是成功。

我的成功模組

如果你的手下人沒有從你身上學到東西，你便不能自稱為「人師」。

因此，我在一九三四年創造出對**成功**的個人定義之後，我也明白自己有責任教會我的手下人**如何**才能成功。想要成功，其所需的行為、態度、價值與特質是什麼？

在接下來的幾年裡，我都在尋找這道問題的答案。雖然我很早就決定要以金字塔的結構來闡明成功必備的特質，但它是經過深思熟慮才發展出來的。

終於在一九四八年，我把這十五個方塊（即個人特質）以及它們在成功金字塔的位置全給安排好了。說來也巧，沒多久我就前往加州執教UCLA籃球校隊。

我的新辦公室位於柯克霍夫樓三〇一室，而我釘在牆上的第一樣東西，就是一大張我手繪的成功金字塔圖。

無論是當時或現在，當有人感興趣地問起我的領導力核心為何時，我的回答是：「我對成功的**定義**，以及標明成功之道的金字塔圖，便囊括了我作為一名教練、人師與領導者的所有智慧。」

我在UCLA執教生涯的各個層面，以及所有領導力的相關元素，無一不包含在這個金字塔裡。對我來說，這是最具建設性的標準與方針，能幫助我的團隊引導出最佳的表現，也能帶出最好的我。

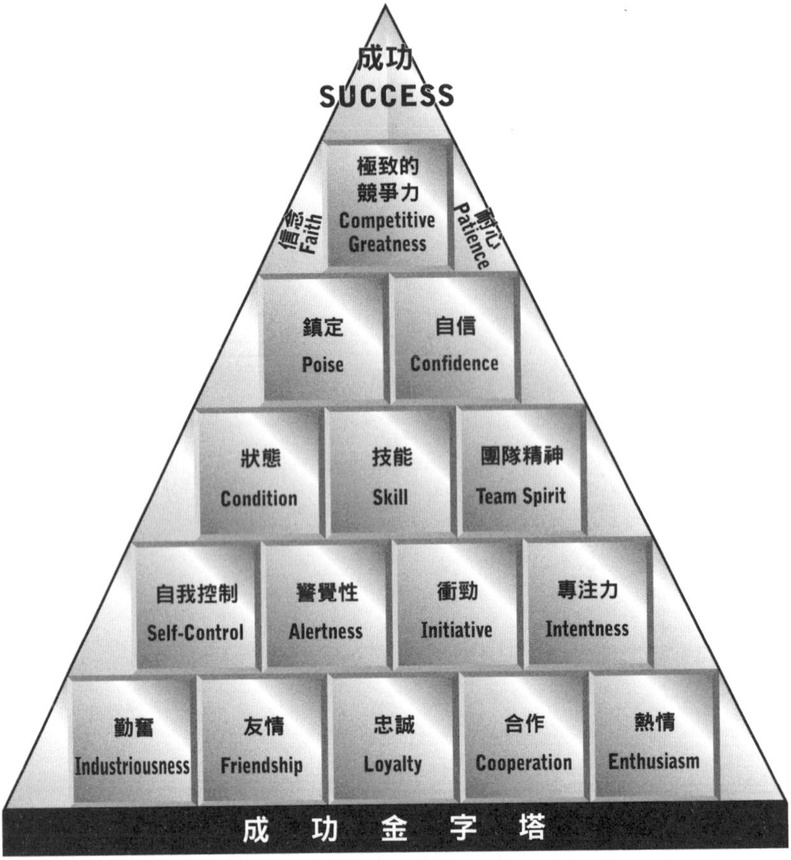

成功是一種心靈的平靜，當你知道你已盡其所能地去變成最好的自己時，
你不只獲得了滿足，也從而獲得了平靜。

精神：標準與理想

貫穿一個組織的基本價值、理想、態度與行為，乃是由領導者形塑及訂定，整個組織的樣貌也從此被界定出來。當你想要透過舉例來將這些特質打入人心時，我相信以有意義的形式把它們寫下來是很有幫助的。我所舉的例子，便是透過成功金字塔的每個方塊來展示與描述。

我之所以選擇金字塔做為表現形式，不只是它象徵一種禁得起時間考驗的穩定結構，也因為它是一項很有效的教練工具。它讓我得以分享我的決策及其背後的邏輯和結構位置：以重要的基本觀念為基礎，往上依序堆疊出的各個階層，加上一個核心，以及一個極致頂點。

這些元素都包納在我的成功金字塔裡。接下來我先從構成基礎的基本觀念開始談起。

了解彼此的心

艾迪．埃勒斯
南灣中央高中校隊．一九三九至一九四一年

雖然伍登教練能將場上的進攻及防守都玩到極致，但他真正的領導精髓在於他了解你的心，也讓你能了解他的心。他待人是如此的正直及真誠，所以只要他一句話，我會願意為他衝破任何阻礙。

基礎：勤奮與熱情

能歡呼收割成功果實的領導者，對工作都有著由衷的狂熱，他們都有一種想立刻捲起袖子幹活的急切。這輩子我還沒遇到過任何例外。要怎麼收穫，先那麼栽，這就是「勤奮」的意義。

當我開始找尋答案時，我很快就選擇了「勤奮」做為我成功金字塔基礎裡的兩個基石之一。

我將這個基石取名為「勤奮」，是因為**「努力」**這個字的意義及本質已經被稀釋和過濾掉了。許多人所認知的**「努力」**，對我來說都是無法接受的定義或標準。

「勤奮」提醒我們，老派的努力是無從取巧、沒有捷徑，也沒有第二條路可挑的。沒有「勤奮」作為領導力的基石，你是不可能達成我所定義的成功。

刻苦用功和虛應故事，微笑以對和強自忍耐，每個人工作的態度都不同。但若沒有「熱情」，怎麼可能完全發揮你的才華，來引導出團隊所具有的潛能？你怎麼可能培養出一個重量級的團隊？簡單來說，你必須**真心喜歡**自己在做的事情；你的心思必須浸淫其中，這就是「熱情」的意義。

這種個人的品質，能將「努力」昇華到「勤奮」，也就是我所追求的更高境界。若是你沒有全心付出，當然也就拿不出你的最佳表現。你心中的「熱情」若沒出席，你的成功也必將缺席。

英文的「熱情」（enthusiasm）是從希臘字entheos衍生而來的，其意原指「內在的神」。確實，你的「熱情」在影響別人方面擁有一種近乎神聖的特質。你個人的能量與精神鼓舞著團隊成員的能量與精神。

「勤奮」與「熱情」這兩個基石是有力且互不可分的方塊，我在一九三四年的冬天就決定好它們的位置。於我而言，它們是不言可喻的成功基礎，是領導的引擊，能夠創造出一個足以邁向競爭勝利的團隊。

基礎砌塊：友情、忠誠與合作

優秀的領導力有賴於與他人的高效合作。在勤奮與熱情這兩個基石之間，我還放了三個有關「同心協力」的砌塊，用以定義成功領導力所需要的三種個人特質。

「友情」帶來的是友好的精神，它能滋養團隊之間的關係。友情需要時間與信任才能成長，雖然你可能得要照看它才行，然而只要有它在，不只能促進領導工作，團隊力量也會大大增加。

我不認為你一定要跟你的手下人「稱兄道弟」，也不認為這樣做就有效；然而一個領導者如果跟團隊成員之間沒有一定程度的互相尊重與革命情感，如何能發揮最大的效能？

領導者與團隊之間的友情，雖然不一定會形成，卻絕對是多多益善。要讓你帶領的人知道他們是在「跟」你工作而不是「為」你工作，這是很有幫助的。你要向團隊全體成員展現真誠的照顧與關懷。

「忠誠」：不要背叛你的團隊，團隊就不會背叛你。這源自父親教我的黃金守則——「己所不欲，勿施於人」。只要能遵守他的典範，你就會發現你帶領的團隊成員都對你很忠誠，而且他們對團隊及任務的凝聚力也很緊密。

「忠誠」是一條雙向道。你必須付出才有收穫。保持公平、正直、誠實，你便會成為一名召喚「忠誠」的領導者，獲得你手下人的信任。

若領導者沒有對團隊同樣「忠誠」以報的話，一個組織是不可能在競爭的環境裡持續以高效能運作的。「忠誠」不是買賣交易。它是你掙來的。

「合作」：「這手洗那手／相互照看」這句話，頗能清楚解釋「同心協力」價值裡的第三個方塊。

當一個領導者更在乎「什麼」是對的，而非「誰」是對的，在乎最好的方式，而不是「我的方式」，「合作」便能存乎於團隊。它存乎於一個大家不在乎究竟誰獲得榮耀的環境裡。這種態度能增進創造力，進而能帶來進步。

各自獨立，你每一根手指都是脆弱的。然而一起工作，也就是合作，便能畫出傑作。

一個領導者的工作是打造足以完成傑作的團隊。只有當每個人充份合作、一起工作，才有可能實現。

這五個方塊——勤奮、熱情、友情、忠誠與合作——形成了成功金字塔的基礎。它們是有力的個人特質，對於你這個領導者或是你的團隊都是不可或缺的。凡是重要的結構與生產力都能建立在這個基礎上。

第二層

「自我控制」：你對於團隊的控制力肇始於你對於自己的控制力。我很重視一致性。努力多寡、表現好壞與成果的高峰和低谷，尤其是在情緒方面的高低起伏，正是個人紀律不足所造成的必然結果。

情緒控制不良降低了你思考、判斷與行為的品質。倉促的決定源自於情緒化。我相信，高度的一致性是偉大領導力的標記。而「自我控制」則對於各種方面的一致性都貢獻良多。

你對於自己的選擇必須有紀律，而這只有當你有能力控制自己時才做得到。如果你連自己都無法控制，你要如何對團隊施加控制呢？

「警覺性」：想要在任何競爭領域裡保有競爭力，心智的迅捷以及敏銳的覺察力乃是不可或缺的。

在籃球場上，落後的球隊可以在半場時調整過來並扭轉局面。然而他們必須擁有足夠的「警覺性」做為其戰力才行。沒有它，同樣的錯誤會一再出現，同樣的輸球局面也會一再發生。

當心注意、立即發現缺點、看見趨勢或是順勢推進。急切的領導者通常成為其狹隘觀點的犧牲品，對於在他們面前發生的事情視而不見。對顯而易見的事情視若無睹，對近在眼前的事務袖手旁觀，這樣他們的團隊，便會被以「警覺性」為領導方針的團隊所超越。

「衝勁」：不敢採取行動的失敗通常是最大的失敗。一個堅定的領導者對此了然於心，他有勇氣採取行動、敢於冒險不怕失敗，並在必要時獨自做出決定。

當目標訂得很高時，害怕失敗的程度可能會更高。反省、學習與諮詢在決策過程中都是很受用的作法。然而，若是決策過程沒有產生任何結果，那麼它們便不具任何意義。你要有「衝勁」讓想法成真。

當時刻到了，你必須扣下扳機。

「專注力」：如果只是在短期間斷斷續續地投入「勤奮」與「熱情」，有什麼好處？什麼好處也沒有。要完成金字塔第二層的方塊就是「專注力」——一個領導者無論球場變得多險惡都會待在場上的絕對決心。

或許我應該要用持續力（persistence），或是不屈不撓（tenacity），或是堅持不懈（stick-to-itiveness）這些字，但是我還是選擇專注力。它代表堅定而且長期地投入你的決心；它意指情感的強度與堅定的企圖心。

放棄、退縮、讓步，很容易。千萬不要這麼做。一試不成，再試一次。即使試過了一切努力及辦法都不行，還是要繼續嘗試。這就是「專注力」，它或許跟成功金字塔裡提到的各種人格特質一樣重要。

第三層

成功金字塔的核心位於第三層，由三種特質（也就是方塊）組成，它們都是從前兩層的基礎中汲取與延伸而來。

「狀態」是第一個方塊，它說明的是生理、心理及倫理的特質。這三項是有效領導力的必備要求。想得到它們，無論在任何領域都必須要有良好的判斷力、平衡感以及節制力。這應該已經是常識了吧？

一定要避免放縱，因為它會減少生理、心理及倫理上的活力。你不需要自命清高。人就是人，我們多多少少總是會犯錯。完美是不可能的，然而我們必須為了減少不完美而努力。自我控制是你的良伴。

如果你讓身體虛弱，你便沒有足夠的活力與體力去進行全面思考。你會受到影響而做出不恰當的決定，也會傻傻地放棄你的原則與價值。

能力或許可以幫助你達到巔峰，但是人格讓你保持巔峰。「狀態」是成功金字塔裡的人格基石。

「技能」：完整的能力——也就是知道如何執行領導責任的全面知識——是位於金字塔核心層的起始點。但它也只是一個起始點。

作為一名領導者，你必須是終生的學習者，持續尋找能更有效幫助團隊展現完整能力的知識與資訊，以及了解組織的潛能何在。

你必須知道自己在做什麼以及相信自己能做得到。你必須讓自己嫻熟於工作相關的所有領域。「警覺性」在這個過程中是不可少的良伴。

「團隊精神」：六匹犁馬往同一個方向前進，代表的是團隊合作。然而，僅僅往同一個方向拉是不夠的。

良好的組織擁有一種品質，不只是往相同的目標邁進而已。這個品質我稱為

「團隊精神」，並定義為：**渴望**犧牲個人利益與榮耀，來成就團隊的成功與偉大。

這是為團隊福祉與利益的無私奉獻；它代表將「我們」放在「我」之前，這對大數人而言是難以達成的任務，包括領導者在內。

就這個層面而言，領導者應該以身作則，用你的自我來服務與支持你的團隊，以作為「團隊精神」的示範。「友情」、「忠誠」與「合作」是你在實踐過程中的得力助手。

你就是最重要的隊員。領導者必須讓其手下人明白，團隊的成功就是他們個人的成功。

無私是「團隊精神」的領導關鍵。當你與你的組織受到分享的精神鼓舞，彼此分享想法、功績、工作、資訊與經驗時，你就會發現：這個團隊比所有隊員的總和還要壯大。

第四層

在壓力下執行任務是會得到回報的。無論是面對勝利、失敗或在這前後發生的任何事，一個領導者絕不能受其左右或驚慌失措。領導力需要「鎮定」。

做你自己，既不矯作也不假裝；自在呈現你的模樣，避免跟別人比較以評價自己；堅持自己的原則與想法。

當你讓前述成功金字塔底下三層的十二項價值、美德、人格與特質都各就各位，並讓它們成為你領導哲學與心法的一部份，那時獎賞或回報自然而然就會出現。

做好準備，你自然就能「鎮定」。

位在「鎮定」旁邊、靠近金字塔尖端的是「自信」，也就是你和團隊心裡都明白自己已經準備好迎接任何形態的競爭。你們對競爭抱持著敬意，而不是恐懼。

你不必理會比數，因為你已經做好所能做的準備：「勤奮」、「友情」、「忠誠」、「合作」、「熱情」、「自我控制」、「警覺性」、「衝勁」、「專注力」、「狀態」、「技能」與「團隊精神」。

「自信」與「鎮定」，就像「勤奮」與「熱情」一樣是結合在一起的。雖然它們各自都有其影響力，但若結合在一起的話，就會變成一種傑出領導力與卓越團隊的明顯性格。

當它們就定位時，你就會位在眾人之上，並且能將金字塔尖端的方塊「極致競爭力」給放上去。

頂端

我的教育、訓練與領導力一直都朝向一個非常清楚的目標，那就是：打造一支全體成員都能在需要時展現最佳狀態，在關鍵時刻就能出手的球隊——這就是「極致的競爭力」。

我相信任何領導者都想達成這個目標，他或她也必須有能力在需要時拿出最佳表現。而且，我一直不斷提醒那些對此感興趣的人：「當你是一位領導者時，你**每天**都必須處在最佳狀態。」

如果我帶領的球隊有天賦，有些年他們會贏得全國冠軍，有些年則不會。然而每一年，我的目標都是一致的，那就是達成「極致的競爭力」。

就我的觀點來說，無論你的團隊有沒有天賦，作為領導者你的角色都是一樣的：詳細說來，就是從你所擁有的一切萃取出最好的。

「極致的競爭力」包含了你對於硬仗的熱愛，以及教會你的手下人抱持著和你同樣的態度。這就是競爭的意義，一個值得相抗的對手出現，正是給了你以及你的團隊一個絕佳的機會，讓你們發現自己有多強，讓你們在關鍵時刻可以從內而外拿出最好的表現。

這就是「極致的競爭力」。在我的書中，終場的比分並不能看出你是否達成了極致的競爭力。

我花了超過十年的時間評估與判斷我認為能達到成功的關鍵特質。當金字塔的十五個方塊都就定位時，我立即明白還要提出兩個額外的個人特質，那就是：「信念」與「耐心」。

我將它們跟「極致的競爭力」一起放在頂端，你也可以把它們視為接合一切的象徵，在你邁向領導者的旅程中，時時提醒自己這兩個特質對每一個階段的重要性。

從一開始你就必須要擁有一個信念，那就是凡事都會依循應有的軌道進行，你的才智以及努力終有回報，即使與你期待或渴望的方式有所不同。

無論你個人才華或團隊能力再強，再多的努力也還是無法控制未來。然而，金字塔裡的每一塊卻都是由你控制的。你可以掌控它們並保持對未來的「信念」。

同樣地，「耐心」是打造一切珍貴事物過程中的同伴。不耐煩（我還年輕時深受其苦）對於生產力與進步會造成反作用。不耐煩是達到有意義之事的絆腳石，尤其當你想達成「極致競爭力」時。

「耐心」並不只是坐在那裡傻等未來。在你獲得任何有價值的事物之前，你必然會遭遇到一陣又一陣的阻撓及延宕，耐心就是你所保有的平靜與自持。

一個在春天栽種穀物的農夫明白，大多數好事都需要時間醞釀。過程中你必須以「耐心」與「信念」面對。若你是一個好的領導者，時機到了，豐收自會前來。

教與學

他雖然發給我們**成功金字塔**的列印紙本，但卻沒有要我們坐下來聽他演講。他用行動傳授給我們。舉例來說，他教導「團隊精神」的其中一個方式，就是當隊友傳出助攻，或是打出精采表現時，我們一定要給他喝采。這就是團隊精神。當時我們根本就不知道他正在教我們金字塔的內容，一直到後來我們才明白。

道格．麥金道許

UCLA校隊，一九六四至一九六六年兩屆全國冠軍

金字塔成為我的行動綱領

一九三四年時，當我開始思考關於金字塔與其體現的價值、態度與理想，我的目標只是很單純地想要讓我所帶領的人了解，也就是讓英語班學生以及學生運動員知道，想達成我所定義的成功，何者是必要的。

然而，我很快就明白我是在繪製一張關於行為與信仰的藍圖，定義「我」為一名領導者時，屬於我自己個人通往成功的行動綱領。它花了我將近十五年的時間完成，意味著我對其中的內容是非常認真的。某種程度上，我是在打造自己作為一名教練與一名領導者的未來。

一九四八年時，就在我離開印地安那州立師範學院，舉家西遷到加州大學洛杉磯分校的前幾個月，我完成了成功金字塔的概念體系，從此我就一直把它當作我領導方針的基準。

在擔任UCLA總教練的二十七年裡，我向所有我帶領過的人傳授成功金字塔。我也相當致力於在自己的言行中展現金字塔裡十五項有力的個人特質。我相信一名領導者的最佳教導工具，就是他或她自己以身作則。我想要讓我的典範在教育者、領導者以及總教練的角色上，都成為我有力的資產。

無須改變

即使回到當年，我也不會對這個金字塔做一丁點的改變。它就算放在一百年前也很適合，而且我相信即使一百年後，它也還是很完善。

做為金字塔基礎的兩個柱石，努力工作並全然享受其中，是不會變的真理。「勤奮」與「熱情」一直是成功的基礎柱石與砌石。

同樣地，作為領導者，我們必須和他人合作以壯大力量。「友情」、「忠誠」與「合作」便會在此時加入。這在一百年後難道會改變嗎？

即使我有選擇，我的確也有，我還是不會改變金字塔地基或階層裡任何一個方塊的位置。「極致的競爭力」會在最頂端，那是因為它是底下四個階層相疊的最終結果，也就是最後的產品。

那麼「鎮定」與「自信」呢？它們位於「極致的競爭力」之前，是經由適當的準備，像是如「狀態」、「技能」與「團隊精神」等等製造出來的。我不認為我會想改變它們。

「自我控制」、「警覺性」、「衝勁」與「專注力」都位於金字塔核心的下方，支持著「狀態」、「忠誠」與「團隊精神」的人格與特質。

當然，我要「勤奮」與「熱情」成為鞏固「友情」、「忠誠」與「合作」的左右砌石。

我花了很多年時間評估成功金字塔的每一個方塊以及它們的所在位置。今日，回首過往，我覺得這些時間花得很值得。

所以一字難改，千金不換，我不會對它做出任何的變動。它現有的架構對我來說一直運作得很好。

然而，這是不夠的。你必須知道該如何將它完全應用在你的領導力裡。你必須了解一個團隊的適當準備與訓練該怎麼做。接下來，讓我提供一些例子與想法，讓你明白我如何在自己的教練過程中落實這些準則。

伍登之道

瑞佛．強森

UCLA校隊，一九五八至一九五九年
一九六〇年奧運，十項全能金牌得主

一張新的成功記分牌

當年我是從加州的金士堡——位在佛瑞斯諾南邊的小瑞典社區——來到加州大學洛杉磯分校。我的家鄉是個小地方，即使把整座城鎮都放進學校裡，也填不滿這個廣大的校園。

一開始我挺害怕的，因為不知道該如何跟這些大城市大校區裡的大球員相處。然而，一切就在第一天練球時改變了。

伍登教練說，我們作為一個運動員以及學生，他最想從我們身上得到的，就是我們肯嘗試去成為最好的自己。「只要專注做這件事就好，」他說，「不要擔心你是不是表現得比你旁邊的傢伙好。只要給我最好的你就行。」

無論我們帶給UCLA校隊什麼樣不同的能力與技巧，伍登教練保證團隊裡一定會讓受到啟發或是有動力的人擁有一席之地，發揮自己的最佳表現。那正是我需要聽到的。拿出我最好的表現，這我可以做得到。

對伍登教練而言，最重要的是我們如何在球場上表現出我們自己的樣子，也就是我們付出的**努力**。這是最重要的事，甚至比分數還重要。

之後我能在一九六〇年羅馬奧運會奪牌，也多虧了伍登教練教給我的專注力哲學：盡我所能地去變成最好的自己。不要擔心成績、獎牌與獎賞；不要擔心其他選手；只要專注於拿出自己的最佳表現。就是這麼簡單。

在為期兩天的十項全能競賽裡，我百分之百專注在我眼前的賽事，一百公尺、四百公尺、一千五百公尺賽跑、撐竿跳、跳高、鉛球、標槍，一項接著一項。

我不會去回想剛才的比賽，也不會去想像接下來的比賽。我只想著在我面前的比賽，然後做到最好。

這就是伍登之道，也就是不要去擔心競爭，不要去擔心獎牌，或是想要贏得比賽。只要專注投入你正在面對的比賽即可。

他在練球時也是這麼做。無論我們是贏球或是輸球，從他臉上都看不出來有什麼差別。當我們輸了，我知道他很失望，但他不會表現出來。他會讓我們知道我們哪裡表現得好，哪裡需要改進。

真的，無論我們是輸是贏，無論終場比數如何，他的表情都是一樣的。

只有當他覺得我們不夠努力時，他的表情才會改變。對約翰·伍登來說，那才是重要的大事。而且，他教我用相同的方式思考：「拿出你最好的。只要擔心這件事就好。」他這麼教我。一項成功的新定義。

這件事，我知道我做得到。

第二部

打造與訓練你的團隊

給全隊的季前信

一九七一年七月二十八日

雖然我對你們每個人都很感興趣，但每一刻以及未來的行動，我都必須以全隊最佳利益為優先。我才不管你是什麼膚色或是信仰什麼神，你的能力和努力才是關鍵。還有，你的個人行為和是否堅守標準（也就是「成功金字塔」）才是我有意或無意會考慮到的重點。

你該用什麼風格來領導？

我寫這些東西不是為自己的作法和原因辯護或是老王賣瓜，而是說明我的組織訓練、打造，和表現方法。但我知道沒有任何體系、哲學或是方法是適用於每一個人的。

有些領導者會走在前面引領團隊前進；有些領導者則是跟在後面鞭策隊伍前行。有些人兩項都做；有些人兩項都不做，就像克里夫蘭的那個傢伙把下面這些話釘在佈告欄上提醒自己：

一有遲疑，慎言。

一有麻煩，慎行。

一有指責，慎思。

我很滿意自己的風格及體系，也許這套體系中有些東西對你也會管用。同樣的，或者你可以從中了解該避免什麼。就像林肯總統說的：「每個人身上都有值得學習的東西，即使那是你不應該效法的事情。」學會**不做**，也是一種學習。

強調團隊合作

我擔任高中或大學校隊教練長達四十年，這期間我的工作就是籃球。而今，你的工作可能是製造籃球，或是推廣、分銷及販售籃球，或是其他與籃球相關的工作。

不管你的工作和籃球是什麼關係，你的領導力就是要打造一支團結的團隊，並帶它朝我們設下的目標全力前進。要達標對某些人來說可不像聽起來那麼容易。

對我來說，成功的起點，有部份來自於教導及灌輸我手下人這兩大信念：一、團結力量最大；二、該怎麼做我說了算。

這兩大信念我會不厭其煩一講再講，並在不同的場合，以不一樣的方式不斷地強調和闡述。

團結做中求

給全隊的季前信

一九六五年

每項團隊活動都要有人負責監督和領導，也需要全體成員努力遵守紀律，不然，我們的團結力量就會浪擲在攻擊自己人身上。

如果你為了全隊的努力，而在負責人的監督下管好你自己，即使你不總是同意我的決定，你仍然可以完成很多事。若是沒有紀律，你絕對只有失敗一途。

讓一切變得簡單明瞭

無論怎麼解釋領導力，把它轉換成文字就變得複雜難懂。簡明扼要是必須的。一切就讓我來解釋給你聽吧。

奧克拉荷馬大學籃球隊的前總教練阿柏・雷蒙是我的故友，他是個說話很有

「笑果」的好人。他很愛講一則關於一位力求簡單明瞭的德州田徑教練的故事。

就在比賽開始之前，這位教練給他手下的王牌跑者下達了最後的指示：「跑在內圈，然後儘快給我跑回來。」

這位田徑教練了解簡單明瞭的威力，而我會努力照著阿柏他朋友的模式來說明。

這或許也說明了為何我會在對一般人說明複雜的概念時這麼小心謹慎。因為所謂的一般人，可能就是你隊上的球員。你的工作就是把事情變得簡單明瞭。

愛因斯坦有辦法把核融合變得一目了然：$E = MC^2$。我想你的領導哲學應該不像核融合那麼複雜難懂吧？

如果真那麼難懂，那你的哲學一定有問題。

怎麼教

整座籃球場就是我的教室。我在球場上教的東西從體能動作到價值態度，包括熱誠、忠誠、自制等等（也許籃球步法對你不重要，但熱誠絕對少不了）。

這些東西都可以用相同的方法來教，也就是四大學習金律：

一、先解釋
二、再示範
三、跟著做（必要時矯正）
四、不斷重複

這四大學習金律對於改善任何球隊、組織或團體的表現都非常有用。

內化最有效的領導力法則

這四大學習金律可以簡述如下：言教及身教並行。

兩者中，尤以身教最為重要，你的例子、言行標準、示範。「照我**說**的做，別學我怎麼做。」是個差勁的領導方法。你的話固然很有份量，但是，以身作則讓你更有力量。

舉個例子，每次球季開始之初，我都會把「成功金字塔」印出來並發給每個人看過一遍，然後把它貼在進我辦公室就會看到的地方。

我不會要求球員背誦或是記住它的內容。我都是通過身體力行的方式，把成功金字塔的內容教給球員。

你想讓球隊擁有什麼樣的價值、理想和態度？勤奮？果斷？充滿創意？熱情？樂於學習？合作？自制？技能？團隊精神？鎮定和自信？極致的競爭力？還是更多？

只要你用信念及行動來展現這些價值，你所領導的團隊就會跟著你一起做。雖然你得自己催生這一切，你得耐心等待它發生，還得用各種不同的方式去說服他們，但你的手下人將會把你的行為當作他們的行事標準，用在籃球及其他重要的地方。

當然，也會有人不理你。他們會用**他們自己那一套**來表明你的團隊和他們不合。做為一個負責任的領導者，你應該放手讓他們去尋找更適合他們的團隊。沒錯，就是讓他們走人。

律己最嚴

為你個人表現的基準設下模範生的高標，也就是你在所有方面的行為，都要讓你的手下人覺得他們難以比擬，根本無法超越。

律己要最嚴——把你自己變成團隊的模範。別指望有人來當你的品質控管專家，你自己就是那個把你罵得最慘的人。

不是照著做就夠了

球員都知道，只做到被要求的事遠遠還不夠好。我要他們對自己逼得更兇、想得更遠、衝得更高。

戴夫．邁爾斯是我們七五年那一屆的隊員，也是我帶的最後一批球員，他用了個很好的比喻來說明這種精神：「如果會議時間是三點鐘，而你三點才到，其實你已經遲到了。」戴夫曉得，每天只達成最低標的要求是遠遠不夠的。

身教與言教

「天鉤」賈霸（原名小路易斯．阿辛道）

UCLA籃球校隊，一九六七至一九六九年．三屆全國冠軍

他不只是告訴我們事情該怎麼做而已，他還做給我們看。雖然他比我們大了快四十歲，但伍登教練就是站出來，在球場上示範給我們看。看到他在場上親身示範，這一點對我們來說意義重大。

站出來親臨「現場」

一個好的總教練，總是站出來和全隊一起待在場上：示範、教導、矯正每一個動作，並和球員「混」在一起。

這不就和你的工作一樣嗎？如果你老是躲在自己的辦公室，你的工作怎可能會有效率？如果你的手下人從來沒看過你，或是從來沒機會和你混在一起，那你又怎可能和他們打好關係？

一個只待在辦公室裡發號施令的總教練是無法擁有好團隊的。想要有領導力，你得綁緊鞋帶，站出來親臨現場。

不努力，就滾蛋

戴夫・邁爾斯
UCLA籃球校隊
一九七三至一九七五年

他超級尖銳的。如果伍登教練沒在練習中看到球員的**努力付出**，也就是專注力和執行力的強度，他也許就會冷冰冰地丟下一句：「夠了，我們今天算是完了。你們根本不是來練習的嘛！」這時馬奎斯・強森或是我們其中一個人就會說：「不不不，我們會開始認真練習。真的啦，我們會開始認真練習。」我們幾乎就像哀求一樣，求他給我們第二次機會更加努力練習。

也許是因為他在中西部長大的關係，那種生活方式讓他對勤奮和努力充滿熱愛。伍登教練超愛勤奮地練習。他要在球員身上看到他們的努力。如果看不到，他既不會開罵也不會吼叫，只會揚言要結束練習。這可不是說著玩的。

練習場

給全隊的季前信

一九六八年

雖然我對於你們每個人都很感興趣，但當你人在練習場上時，我對你的興趣只限於你對我們球隊的貢獻。你在我們隊上的位置或地位將取決於你和你隊友相較之下的表現。

該逼到什麼程度

這句話我聽過一次就忘不掉了：「無論你是把人家操到過頭，或是訓練得不夠用力，別人對你都會有話講。既然這樣，你最好還是把他們都操到過頭吧！」

這話說來是誇張了點，但它點出了一項精髓：做為一個領導者，整個組織的運作步調，亦即其工作的努力程度，完全取決於你。找出最有效的運作步調是最困難的部份。

雖然在UCLA練球兩小時很累人，但每一刻都得用心。我的目的是要達成最佳的進步程度及調整進度，但又不會因為逼得太緊而造成傷害問題。也就是說，我不會為了趕進度而讓學習受限，或是犯下急功躁進的錯誤。

我們隊上每一位球員展現出來的運作步調，近乎是全體的戰力——全隊綳緊神經、上緊發條，就像在海上揚帆前行的戰艦。絕不允許紀律鬆弛，絕不會有隨風打擺子的情況。

領導者必須設法讓團隊的表現力及執行力達到頂峰。過去我非常努力地工作以達成此一目標，藉由精準地掌控練球的細節，以及練球前的規畫工作將球隊推上頂峰。

設下當天的目標

壓力是好事，它能帶來進步。壓迫是壞事，它會造成錯誤。

我要我們隊上的球員感受到壓力，好讓他們的對手感到壓迫。我在練習場上製造一種忙碌但井然有序的氛圍，帶給球員一種相當於實戰的強度和專注度。

我也幫助他們消除壓迫感。過度害怕輸球或過度渴求贏球都會造成不當的壓迫感，消除它的方式就是讓球員把心思放在進步之上，並讓他們知道，我們的標準就是持續而大幅地進步，這也是我們每天的目標。我從來不和他們提到贏球或打敗下一場對手的事。

練球時也會有一些輕鬆的時刻，我當然不反對適時及恰當的幽默，但我也不允許任何事打斷全隊在練習場上的努力及專注力。

我手底下的人可不是只在場上散漫和浪費他們的時間。絕對不是。他們只敢在**訓練前**放鬆。只要我一吹哨子，他們就知道要開始正式練球了，推動他們進步的壓力即將降臨。

如何有效安排一切

有效安排一切已經成為我教練心法的基礎價值之一，亦即善加利用時間創造極佳效能。練球的過程既緊湊，步調也極快。我之所以能夠用三乘五的提示卡有效地安排一切，就是透過縝密的事先規畫，並想好該在提示卡上寫什麼。

可以準時開始和**結束**對我來說非常重要。兩者的重要性相當。我帶在身上的這些提示卡讓訓練能按照緊湊且快速的期程進行。我以分鐘為單位，在提示卡上把一整天的練球期程細分為不同階段，3：30到3：35要做什麼，接著3：35到3：45又要做什麼，何時我會吹哨叫停並進行下一階段，下一階段可能是七分鐘的三合一調整訓練，接著是七分鐘的另一項操練。除了**精準**且**扼要**的指導與示範外，整套練球的安排方式是一項接著一項地不斷進行的。

練球過程的每一個面向，包括每個人在何時何地該做什麼事，我都下足了苦工，寫在每一張提示卡上。

練球時，絕對沒有人是站著閒晃，不知道下一步要什麼；也沒有人會杵在那裡看著其他人練習。

凡事都有個目標；凡事都要有效率且快速地做完。整件事都是同步進行；每個小時做滿六十分鐘還不夠，我還會設法從每一分鐘裡榨出每一秒鐘來。

球員常常覺得和對手的實戰節奏遠不如我們在體育館裡的練球來得緊湊。這正是我苦心設計出來的結果。

助理教練和球隊經理也都有這些三乘五提示卡，因為在某些訓練項目結束之後，各組可能會分隊帶開各自訓練，所以我們在每個籃框下都要有必要的訓練裝備和人手。

一旦寶貴的練球時間被浪費在尋找適合的裝備，或是等待訓練人員就位，我就會非常不安。而在我執教生涯晚期，這種情況已經很少發生了。

此一精準地安排時間的能力，是我經過多年的訓練得來的，也成為我們團隊戰力的發展基石。

沒有它，我恐怕無法率領UCLA籃球隊拿下任何一次冠軍。有效安排一切的能力是我們的王牌球星之一。

極致的關鍵

如果你拿我在一九四九年和一九七五年所做的練球大綱及安排規畫來比較的話，你會覺得很奇怪，我在一九四九年時是怎麼把事情給做好的。

每年都會有些變動，一些小改進，以及看似不重要的調整，最後就會匯集成巨大的改變。（好比說我在一開始並不管練球是否會準時結束，這意味我可以超時練習，所以我在練球時並不會太在意一切是否照著進度進行。這很糟糕。要求練球準時結束只是一個小改變，卻逼使我不得不改善整個練球的安排及執行方式。要說我們能在兩小時之內，完成其他人花四小時才能達成的進度，這一點也不誇張。）

等到我執教UCLA時，每次練球已經可以準時開始，準時結束。其間的一切運作，精準得就像精密調校過的瑞士名錶。

無論你是教練，或是大公司的中階主管，我都相信在組織力和執行力上，你的團隊和你的對手之間存在著很明顯的差別。此一差別，決定了誰才能擁有**極致的競爭力**，而誰只能具有一般的競爭力。

我對你的期望

給全隊的季前信

一九七四年

如果你們每個人都盡一切努力開發最強的自己，遵行適當的行為規範達成最佳的體能狀態，將團隊福祉置於個人榮耀之上，並且不讓自己與隊友或教練之間的意見不合影響到自己或隊友努力的成果，今年將會非常有收穫。但若是不能欣然接受這些要求，就代表了某種程度的失敗。

十大團隊心訣

一、不准停止思考。

二、如果你盡力了，既沒大發脾氣，也從未被擊倒或是被嚇倒，那你就沒啥好擔心的了。

三、一旦沒有了信念和勇氣，你就會迷失方向。

四、對於每一位對手，都不要抱持無所謂的不敬態度，而是要有無所畏的精神，以及毫不自滿的自信心。

五、別當個觀眾。始終要把自己投入戰線核心。

六、我們最重要的兩大成功基石，就是無私的團隊作戰和團隊精神。

七、我們前頭總有艱苦的仗要打。享受酣戰一場所帶來的那種刺激吧！

八、對手打得再髒也絕不屈服——不要抱怨，全力以對。

九、當隊友給你妙傳助攻或是打出好球時，一定要有所表示並給予讚揚。
十、做個有力的競爭者。當情況變得艱困，就繼續前進！

我們為何得以自負

約翰．葛森史密斯
南灣中央高中熊隊
一九四一至一九四三年

「神氣」這個名詞在我們那個時代還沒出現，但現在有了。對我來說，它就代表一種自豪，因為你知道自己比對手強。伍登教練帶的球隊就有這種「神氣」，雖然我們那時根本沒意識到。他教的都是基本動作，常常到球季尾聲我們還是一直練習基本動作。做足了準備，也許就是我們自豪的原因。

專注在你自己身上

除了「我們」之外，我不會讓球隊注意其他事情。實際上我們根本不提下一場比賽的對手——他們的球風怎樣、近況如何，或是他們隊上的王牌球員是誰。我同樣也絕口不提戰績排名或是所屬聯盟的比賽結果會帶來什麼影響。

有個笑話到現在還在流傳：UCLA的球隊經理得在賽前跑去球場入口買一本觀戰手冊，才能讓我們的球員知道今天的對手是誰。

我告訴他們：「專心在**你自己**的準備工作上，而不是他們怎麼準備；重點是你自己怎麼做，而不是他們怎麼做；這是你的努力和渴望，和他們無關。

不要擔心他們。讓**他們**來擔心你。」

這話你聽來可能會覺得太極端，但我會非常謹慎讓球員只專注在我們自身的努力及表現上，重點是我們能否展現出最佳水準的戰力。就算我們無法企及完美，也不能阻止我們追求完美。

和對手有關的情資，只有一種是有用的。那就是擔心「他們」，會讓球隊對於「我們」的專注程度造成多少不利的影響？

我把焦點放在我們身上，放在我們追求完美的努力上，這麼做所帶來的結果，會在跳球之後主宰全場。

了解你在為什麼做準備

我很喜歡蒐集格言，它們能提供某些特定的視野或啟發。我曾經引用過數百句非常合用的格言，其中最適合用在領導力上的就是這句：沒做好準備，那就準備好失敗吧！

當要找出讓球員或是球隊無法企及成功的原因時，我怎麼想也想不出其他比這句話更好的解釋。

但是，且讓我在這句話之下加個貼切的注腳：沒準備好**失敗**，就無法準備好成功。

讓不完美發揮作用

運動心理學家教我們要**視覺化**，也就是「看見」成功的你，或是完美地達成某些任務。但我有不同的見解。

就算是手風再順，一場比賽全隊還是會投不進三成以上的外線。這是很高的失敗率。因此，我教導我的球員：「就當做每一球你都投不進吧！」

我教導他們要預期失敗的可能，也就是投不進，然後準備好接下來會發生的事：籃下補進、搶籃板球、快攻，或其他策略。「不要只是呆站著看球是不是會自己滾進籃框裡。就當做它**不會進**；然後準備好做出快速及正確的反應。」（當然，我會告訴他們怎麼樣反應才稱得上「快速及正確」。）

在任何情況下，無論是籃球或是企業，一個組織在錯失機會、犯下錯誤，或是遭遇失敗之後的反應才是最關鍵的。

完美是不可能的。如何讓不完美的錯誤發揮作用，才是造成彼此差異之所在。

我帶的球員不需要將成功視覺化。他們只要管好其他事，包括準備好失敗，自然就能準備好成功。

傳授成功的習慣

在組織裡，堅實的基礎和紀律是無法取代的。它們支持你度過最艱難的情況。細節的重要性更是無需多言。

在我的專業裡，所謂的基礎包括了種種「雞毛蒜皮」的小事，像是堅持鞋帶要打兩層結，球衣一定要合身，並且培養球員卡位的意識，好去爭搶每一個投不進之後的籃板球。

把諸如此類的小事情做到完美無瑕，就能養成把小事情做對的習慣，此一習慣通常決定了工作是否能漂亮完成，或是失手搞砸。這一點套用在哪裡都是真理。

我的完美細節頌

有人暗自竊笑
說我無聊至極
因為對於細節

我追根究柢
但君不見
每位成功者的身畔
完美到位的細節
俯拾即是

——麥可·詹姆斯·柯洛南

如果你還沒準備好，機會就來敲門了怎麼辦

你必須接受總是有些無從預測的事情會發生，但你還是得繼續前進，並且堅信有些不可預期的意外會為你帶來機會。

準備工作的細節

老鮑伯・鄧巴
南灣中央高中熊隊
球隊經理，一九四二至一九四三年

練球的地點在南灣市中心的YMCA。每個球隊經理早上五點半就會到場。伍登教練要求我們檢查每個球員的置物櫃，確認是否有乾淨的練習用球衣，四雙襪子——兩雙厚襪和兩雙薄襪。練球之前我們得要在每個球員腳上塗上一層保護液，以保護並強化他們的雙腳，然後撲上足粉。練球結束了之後要給每個球員維他命。這些小事對伍登教練來說可是頭等大事。

我告訴我的替補球員：「努力練習；做好準備；有一天你會等到你的機會。如果機會來了而你沒做好準備，機會**也許**就此一去不返。」

道格・麥金道許是一九六四年球隊的替補球員，他把我的告誡聽進去了，不只讓他自己，更重要的是，讓**全隊**都因此受益。一九六四年全國冠軍賽對上杜克大學那一戰的最後十分鐘，道格的機會來了，他已經做好萬全的準備，讓人見識到他的極致競爭力。

UCLA的先發中鋒，佛烈德．史洛德因為當天的狀況不好而退場。當我示意換上板凳球員道格之後，他上場打完剩下的比賽，並且幫助UCLA奪下校史上第一座全國冠軍錦標。

即使從邏輯上來說，道格根本無能改變這場全國冠軍賽的結果——他可能連上場的機會也沒有——但他仍是做足了比賽的準備，就好像他**早就知道**機會即將來臨，我會叫他上場。

當機會來敲門的時候，道格．麥金道許已經準備好了。

用你的雙眼去聆聽

不只用你的耳朵，還要用你的雙眼去聆聽。一個受了傷的球員會和我說：「我沒問題的，教練！」他會說謊，但他的身體不會。一個助理教練可能會告訴我：

「這是個好主意耶，老大！」他會說謊，但他的雙眼不會。

比爾．華頓是NCAA全美最佳陣容及NBA名人堂球星，他常常測試我，告訴我能做或不能做什麼，他會做或不會做什麼。

我從不聽比爾在說什麼。我就是知道他會做什麼。我相信比爾，他也知道我會做什麼。比爾．華頓和我處得來的原因就是我們都是好的聆聽者。我們用雙眼及雙耳聆聽。

我的眼力隨著年月增長而更加犀利，我可以看穿每一個人，無論他是一個人或是身處在團體中。而且我通常也能知道他對於練球、球隊以及我本人會有什麼意見。

身為一個教練，還有比這更相關的資訊嗎？身為一個領導者，還有比這更有用的資訊嗎？用你的雙眼去好好聆聽吧！

我懂了誰才是頭號球星

安卓・麥克卡特
UCLA籃球校隊
一九七四至一九七六年

當我還在高中打球時，我橫掃了所有球員個人獎項：最有價值球員獎、年度最佳球員獎，高三及高四都入選全美高中明星隊，集眾人目光於一身。全美大學籃球名校為了挖我而提供的條件好到你不敢相信。

後來我在拜訪加州時和伍登教練聊了一下。他完全不假辭色。他也沒保證會讓我成為先發球員或是其他類似的承諾。真要說的話，他只承諾了我一件事，就是我的運動員獎學金會讓我得到很好的教育，還有我可以拿到二十元的洗衣津貼。

如果我想要成為「頭號球星」，我知道自己得去別隊才行。然而在UCLA，頭號球星就是整支伍登教練帶的球隊；這是他的系統，球隊就是頭號球星。

我對球隊成員的期待標準

一、永遠保持紳士風度
二、永遠以團隊為上
三、永遠準時
四、永遠不停止學習
五、永遠熱情、值得信賴、樂意合作
六、永遠贏得榮耀和自信
七、永遠能控制情緒，又能保有戰鬥力或侵略性
八、充滿精神，但絕不神經質
九、永遠努力改進，知道改進永無止境

我，我，我

和我執教當年相比，現時今日對於運動的狂熱變得更為純粹。這也造成了一種

趨勢，讓一些偉大和不那麼偉大的球員，把自己變成了一個人的武林。

我們看到一個球員做出高難度的上籃之後，狂搥自己的胸膛來耀武揚威。他在說什麼？「一切都是靠我！我！我！」

是誰把球傳給他？是誰為他單擋？如果他沒進球，是誰在籃下卡位準備搶籃板？當對手快攻時，是誰快速退防後場？絕對不是那個一直在搥自己胸膛的傢伙。

如果那個球員真的想要搥搥某個人的胸膛，那他該找到那個為他傳出助攻的隊友，然後一邊搥他的胸膛，一邊對他大吼：「一切都是靠你！謝謝你，謝謝你，謝謝你！」

我們，我們，我們

回到一九三〇年代，當我還在南灣中央高中執教時，我開始要求每個球員在得分之後，要對傳出助攻給他的隊友點頭示意，以表達他的「感謝」：「讓他知道你很感謝他的幫忙，也許他就會再幫你一次。對他點個頭，舉起大拇指，或是眨個眼都好。」

吉米．鮑爾斯是我帶過的頂尖球員之一，他曾經問我：「伍登教練，這樣做不會很花時間嗎？」我回他說：「吉米，我可不是要你跑過去給他個大擁抱。你點個頭就行了。」

球隊中的每一個成員都該被教育成他們是一個團隊，而不只是一群獨立操作員。每個人都能為其他人的成功做出貢獻。這就叫做**團隊合作**，這也是我極致競爭力哲學中的根本價值。這是正港團隊的正字標記。

我能達成此一目標的部份原因，就是把「感謝你」這一條規則納入我的體系之中。我用時間醞釀它。說謝謝不用一秒，但效果卻能持久而美妙。

無私的超級巨星

路易斯．阿辛道（也就是後來的天鉤賈霸）相信團隊至上。我告訴他：「路易斯，我可以為你設計一套專屬的戰術系統，讓你成為大學籃球史上最強的得分王。」

路易斯說：「那不是我要的，教練。」（當然，我早就知道他會這麼說，或者我一開始根本不用這麼說。）

一個不以團隊為上的球員，根本稱不上是一名偉大的球員。路易斯·阿辛道正是以團隊為上的偉大球員。你問我為什麼？因為他總是把團隊的成功擺在第一位，即使要犧牲他個人的數據也在所不惜。

教育，要思其堪受

總教練的工作不是吹吹哨子就能搞定，一個好的領導者也不是告訴手下該怎麼做就夠了。通常一切都會變得更複雜和更煩人。

在執教初期，我還不懂得這個道理。當時的我，把我的籃球心法和領導哲學全寫進一本厚厚的筆記本裡，包括一頁又一頁的規則細目，該做和不該做的建議和提醒，甚至包括防守時眼睛該看哪裡這種小小的執行細節，能塞的我全塞進去了。

在球季開始之後，我就把這本「伍登籃球百科寶典」交給球員，希望他們能用心研讀，心領神會。這看似合理，既然我做得到，他們也該做得到才對呀！

但我當時沒想到的是，我是經過了多年的努力才搞懂一切，卻要求他們在幾周的時間內就能融會貫通。他們當然吃不下去，下場真的很慘。

此後我就不再直接丟一大堆東西給他們硬啃了，相反地，我開始每次只餵給他們一點點資訊就好——幾張講義、幾張要點清單，或是貼在公佈欄上的提示卡。

當然，適時提供正確的資訊是非常重要的。但同樣重要的是，如何把這些正確的資訊切分成一口就能吃下的大小，讓它變得容易消化。

這些小塊的資訊經過充份消化之後，就會帶來極佳的表現。

爭取你應得的報酬

給全隊的季前信

一九六三年

即使偶爾會出現雙重標準，但我會盡可能不用這種方式對待你們。然而，我會根據個人的判斷，以及我認為對團隊最有利的方式，試著給予每個人應得的報酬。

無論你的上場時間多寡，身為團隊成員，如果你想成為一個正面的因子，那你就得以合宜的態度來接受此一雙重標準。

觸動正確的開關

沒有人是一模一樣的。但是，在一個積極而有紀律的環境中，你所管理的人絕大部份都會對支持與鼓勵做出最佳的回應。

有些人要靠扣住獎賞或懲戒來刺激他們。雖然並不常見，但有些人就是喜歡對立且需要被激怒。一個好的領導者該知道如何觸動正確的開關。

華特・哈查德是一九六四年UCLA全國冠軍隊的場上主控，也曾入選NCAA全美最佳陣容，他非要我在全隊面前給他難堪，才會醒過來。「我會讓你大開眼界，伍登！」就是他的態度。（譯注：哈查德後來被湖人選進NBA，退休後也曾擔任過三年的UCLA總教練，算是直接承繼了伍登的衣缽。）

西德尼・威克斯則是曾兩度入選NCAA全美最佳陣容的明星球員，同時也是連三屆的全國冠軍隊成員，嚴詞批評對他也很管用，但私下提醒他的效果會更好。（譯注：威克斯後來則是被拓荒者選中，不只拿下新人王，更四度入選全明星賽，後來他也到UCLA擔任哈查德的助理教練。）

蓋爾．古瑞奇就完全不同了，這位身手極佳的球員在一九六四、一九六五連兩年奪冠要角，只要我對他兇一點，他就會馬上整個人龜縮到殼裡去。（譯注：古瑞奇因為不夠高而常被看扁，但他進入湖人之後五度入選全明星賽，更在一九七二年為湖人奪下總冠軍，這是前述兩人未能達標的成就。）

每個人都有自己的開關，你也有。聰明的領導者知道他／她手下人的開關在哪裡，而睿智的領導者則是知道他／她自己的開關在哪裡。

凡事往好處想

我會用一點點心理學技巧為球員灌注自信心。如果有球員罰球失手，我會說：「太好了！你可以從這一點開始改善你的罰球命中率！如果你兩罰都不進，那更棒，因為現在你的命中率正要開始提升！」

如果有人連續五球都罰不進，我會讓他堅信自己第六球一定能投進去（雖然我希望這不要發生在比賽的關鍵時刻）。

我刻意忽略的是，如果他們**連進**五記罰球，機率顯示他們第六球一定會不進。但這件事從來沒人提。我只讓他們往好處想，朝正面看。

一個有影響力的領導者會尋找正向的觀點，並能教大家做同一件事。通常每一則故事都有兩種不同的說法，好的和壞的。只要時機適當，我就會讓大家專注的焦點往好處想。

不要造成你自己的失敗

給全隊的季前信

一九六九年

歷史上每一段文明或事業毀敗的根本原因，都始於內部的崩壞，而我深信許多有潛力的球隊最終無法變得偉大的原因也是如此。這些球隊最終無法企及原本應有的水準，都是肇因於內部種種不合的摩擦。別讓我們遭受內訌的傷害。

百分百的平等

我極力不讓任何派系小團體、上下階級，或是強弱尊卑的秩序出現在我們球隊中。只要我或是其他助理教練在場，球員不准說其他隊友是「坐冷板凳的傢伙」、「萬年候補」，或「第二隊」。他們絕對不可以把我們的球隊經理當成是「毛巾小弟」或是清潔工。

這些用語都代表了「隊中有隊」，這是一種地位或是權勢的級別。如果有UCLA的隊員敢叫他的隊友是「坐冷板凳的傢伙」，那他自己就會被叫去坐冷板凳。

我帶的是**一支球隊**。如果你被選入這支球隊，你就是整體的一份子——百分之百，絕不打折。我帶過的球隊裡絕對不會有次等公民。無論如何，這都是我極力維護的目標。

如果你的隊上有人被當成次等公民，他們就無法交出一流的工作表現。因為這支球隊沒有善待他們，剝奪了他們的工作尊嚴。這不是他們的錯，這是你的錯。

每個人在隊上都是平等的——不多不少，就是百分之百。就算是領導者也一樣。

伍登的老生常談

一、絕對不做對球隊有傷害的事情。

二、在工作的各個面向發展你個人的榮譽感。

三、球員只要出盡全力，就萬事俱足；球員若是未盡全力，則萬事俱廢。

四、競爭力是百分之五十的戰鬥力，再加上百分之五十的相關知識而成。

五、若真心相信自己的鬥志優於你的對手，你將會難以被擊倒。

工作之前，人人平等

艾迪·鮑威爾
南灣中央高中校隊
助理教練
印地安那州立師範學院（印地安那州大前身）及UCLA

每個人當然都有自己要完成的工作，都有要履行的責任。但約翰·伍登認為，當你身處於監督者的位子，你不可以擺出一副自己高高在上的架子去對待別人。相反地，他相信工作之前，人人平等。當然，有些人要負責做決定，但那不表示他比較了不起。每一個人都是一起工作的同事。

畫吃得到的大餅

要敢做大夢，但不要大到不可能實現。我為球隊畫的大餅都是有可能吃得到的。這些目標雖然很高，但不至於達不到。我設定的目標都是關於準備的過程，而非最後的結果。我們的目標是要付出多少努力，而不是要贏得多少比賽。

舉例來說，我從不把拿下全國冠軍當做我們的目標，反而在球季開始之前，我會對全隊說：「如果你全神貫注、努力練球，而且在球場外行為良好，在球季尾聲我們也許**就有機會**爭冠。」這大概就是我給過球員最大的夢想和承諾。

前些日子，我在一家大公司的研討會上聽到一位團隊經理在做簡報：「兩年前，我們的生產率是百分之八十四。今天，我很高興能向大家宣佈，我們今年的生產率是百分之百！」

此話一出，全場歡聲雷動。這個團隊值得自豪。

接著，這位經理熱切地追問：「我們明年要不要再創更高峰？」全場登時啞然。「我們該怎麼做才有辦法超越百分之百啊？」這個團隊似乎開始在思索這個問題。呃，別想了，沒有辦法的。

在UCLA我只要一講到目標，就絕口不提勝率的原因也就在於此。當球季結束，我們創下了三十勝〇敗的完美戰績之後，我該怎麼要求球隊更上層樓？（譯注：伍登教練曾率領UCLA四度拿下單季全勝的空前紀錄。）雖然球隊沒有辦法創下更高的紀錄，但隊員付出的努力質量總會有向上提升的空間。絕對會有。

我從來不管數據、百分比，或是戰績，不管上一季是三十勝〇敗或是〇勝三十敗，我這一季的目標都一樣，就是提升我們努力的質量、準備的程度，和整體的執行力。我要我的球員奮力企求自己完全發揮能力，而不要去擔心每場比賽的輸贏。

也許你不會想用這番話來鼓舞你的球隊，但這對我的領導哲學和成功心法來說至關重要。

有位哲人曾說：「努力的程度，決定了一個人的高度。」對我來說，它也決定了一支球隊的高度。

比最好更好

戴夫·邁爾斯
UCLA籃球校隊，一九七三至一九七五年
兩屆全國冠軍

伍登教練從不讓可能性的問題來困住自己。他的焦點放在「當下」，他關注的是更好，而不是最好。他要我們努力變得更好，而不是讓我們變成最好。他做每件事的核心都是不斷改進——變得更好，而不提贏球，或打敗對手，或贏得全國冠軍。「讓我們一直不斷進步，變得更好！」大概就是他的座右銘。

慎思而後行

比爾·華頓曾因為參加反戰抗議活動而被捕，當時他和抗議群眾就躺在洛杉磯主要交通動脈的威爾希爾大道上，交通為之打結。他反戰，那是他的事，但我不贊同他表達個人想法的方式。

我把他叫到我辦公室，我問他：「比爾，如果有一台救護車因為你擋住了交通，而無法將傷重的病患及時送到醫院的話，那該怎麼辦？」

他看著我，然後小聲地說：「我沒想那麼多，教練。」

我們沉默了一會兒。我說：「以後要想到。你可以答應我嗎，比爾？當你行使你的**權利**時，你也要想到自己的所做所為會影響到別人的權利，好嗎？」

幾天後，他拿著一封連署信到我的辦公室要我簽名。這封連署信的內容是要求尼克森總統下台。

我笑著對他說：「比爾，這是**你的**信。雖然我不打算在上面簽名，但比起躺在馬路上妨礙交通，我比較喜歡你這種方式。」

尼克森總統辭職下台之後，我對他開玩笑說：「比爾，寫封信是不是比躺在馬路上有用？你看，尼克森先生一收到信就走人了。」

做好基本動作

給全隊的季前信

一九六六年

整齊、清潔、禮貌和良好的態度是你必須學會及培養的人格品質，你得接受一個事實，就是這些品質和打好一場籃球比賽所需的基本動作同等重要。

最理想的表現形式

對我來說，球隊最理想的表現形式就是呈現持續不斷的進步光譜——變得愈來愈好，而不是上下打擺子，每一天的表現都起伏不定。

我從不期待奇蹟出現。我只會追求緩慢的、持續的、穩定的進步。一切並非一蹴可幾，得要日積月累才行。

如果一切順利，我們的球隊會在球季最後一場比賽的下半場打出最高的水準。

那是我最理想的劇本。

在UCLA那十次爭冠球季當中，這部理想的劇本也確實上演。每天都有一點進步，總是不斷前進，教學相長，愈來愈好，直到最後球隊能在關鍵時刻打出自己最佳的潛能：那就是所謂的極致競爭力。通常在這種時候，只要展現出自己的才能，全國冠軍就是你的。

但是，不論球隊的才能水平有多高，我的願景都是一樣的——穩定地進步，朝著我的目標前進，開發出我們球隊所擁有的一切潛能。

以鼓勵作結

我相信在每天的練球結束之前，你應該要以樂觀及良好的總評作結。千萬不要在練球結束時才處罰你的球隊或是特定的球員。（有時候我還是會打破這個原則，因為我要讓他們真的把我的話聽進去。我會丟下非常嚴厲或是負面的話之後結束練球，然後讓他們帶著這種感覺回家——讓它沉澱一夜。但我真的很少這麼做。）

絕對不要生氣而把他們留下來，或是施加「處罰」。這會讓你和你手下人之間的關係變得惡劣。

力臻完美

肯・華盛頓
UCLA籃球校隊，一九六四至一九六六年
兩屆全國冠軍

約翰・伍登不完美。但他力臻完美。那就是他一直想要教給我們的目標——朝完美前進。他知道完美是什麼。他知道完美是達不到的。但他試著讓我們盡自己最大的力量去接近完美。那就是我們的目標。

愛能給力

關心、在意，為你隊上的球員真心著想，正是優秀領導者的正字標記。這麼做並不會讓你暴露弱點或是顯得軟弱。相反地，它展現出你的力量。除非他們知道你有多關心他們，不然他們才不關心你究竟知道多少。

我們每天練球兩小時，這段時間我們全副的精神都貫注在籃球上。但在這兩小時之外，我非常真心地努力讓自己了解每一位球員生活，像是他的家庭、班級和興趣。

這一點也不難，因為除了我的親人外，球員就是我最親近的人，他們是我的大家庭。他們的成敗，就是我的成敗。

我是他們的領導者，但我們是一家人，而且家人之愛充盈我心。他們在籃球之外的生活是否幸福對我至關要緊。

但是，我的愛和關心不會無限上綱到允許任何球隊成員用不當的行為傷害我們全體。這就和父母一樣，就算他們再愛自己的孩子，但也不會讓那個孩子傷害或摧毀整個家庭。

要愛他們嗎？當然。要讓他們傷害我們球隊嗎？當然不行。這時就要聰明地實施球隊的紀律來幫助你解決問題。

給全隊的建議

一、絕不抱怨、嘲笑或是批評自己的隊友。
二、絕不要求任何偏袒。
三、絕不找藉口推託。
四、絕不自私、猜忌、嫉妒或是自大。
五、絕不失去信念或耐心。
六、絕不浪費時間。
七、絕不懶散、耍脾氣，或是自吹自擂。
八、絕不貳過。
九、絕不容許有事後悔恨的理由。

我們真心想要的東西

吉米．鮑爾斯
南灣中央高中熊隊
一九四一至一九四三年
印地安那師範學院籃球校隊，一九四七至一九四八年

雖然伍登教練嚴厲地要求我們照他的規矩來，但我最怕的還是他把我叫到場邊說：「吉米，我對你太失望了。」光這句話就讓你動彈不得，因為你希望能讓他感到驕傲。你想得到他的尊敬。當你讓他失望了，或是失去了他的尊敬，那種感覺比被隊規處分還要難過百倍。

打開你的心眼瞧瞧

出色的領導力需要你傾盡所有的心智能力。腦用了太多，會讓你忘記領導力是用在人身上的；心用了太多，會讓你無法做出那些會傷害到某些人的棘手決斷。

如何達成心與腦的適當平衡是相當困難的。就像《生活的藝術》一書的作者威爾菲德．派特森所建議的：「領導者用心一如他用腦。當他用腦考慮過所有的事實之後，他會讓自己的心眼看過一遍。」在我早期的執教生涯中，我沒能領會他話中的第二層建議。

當我開始帶隊，我讓腦來管事，所有事情非黑即白。規定就是規定（而我還有很多規定）；你敢犯規，就等著嚐到苦果。只要被我逮到偷抽菸一次，結果就是禁賽——不是一天，也不是一星期，而是整季。

幾年之後，我應聘前往印地安那州的南灣中央高中任教，隊上一名頂尖球員抽菸被抓到。當我發現了，他馬上被我踢出球隊。

因為沮喪，他輟學了；因為輟學，他喪失了大學獎學金的機會；因為沒有大學學位，他的人生永遠變調了。

為了什麼？就為了一根香菸。為什麼？因為我拙劣的領導技巧，和對於人性的認識不足。我至今對此事依舊羞愧不已。

有些時候該容許他們犯錯。但若是對他們做出不公平的事，即使一次也罪無可逭。我對這個年輕球員所做出的事，不僅是錯誤的，也是不公平的。我給領導力做了最糟的示範。

灰色地帶

當我的領導技巧日漸改進、不斷改善之際，我意識到替代方案和其他選擇有其必要性，而且我必須將其納為全隊紀律策略的分支之一。

要下正確的判斷，這是關鍵；讓大家都覺得公平，總是要緊；本質的平衡，當然也很重要。一旦我拘泥於成篇累牘的規範，讓罰則來自動控管每一個人，以上這三點就很難做到，甚至不可能做到。

這需要時間，想要輕鬆面對黑白之間的灰色地帶，對我來說並不容易。幸好我總算明白，若是死性不改，我只會繼續困住我自己和傷害我們的球隊。

當然我並沒有變得優柔寡斷，而是玩熟了一套更有效能的紀律制度，既能適用到位，也不會造成傷害。

邏輯和感情，一個是腦，一個是心。把它做好，達到適當的平衡，正是領導統御中最難的部份。

讓你的批評生效的七種方法

一、蒐集**全面**的資訊

二、不要**罵過頭**

三、講**清楚**

四、對事不對**人**

五、**私下講**給對方留面子

六、只有**老大**才能講話

七、過了就**算了**

先褒後貶

沒人想被罵，但批評是必要的。用創造進步的建設性態度給予批評，也是同樣必要的。

我常用的訣竅之一，就是先褒後貶。不是胡亂溢美，也不是假意恭維，而是非常真誠的讚美。

比如說，如果我想批評一個球員防守不夠認真，我可能會稱讚他在進攻上的侵略性：「在進攻端沒人比你更好了！看看你能不能在防守端做得一樣好。這樣你就真的很有一套了！」

先讚美；後批評；進步就會跟著來。

先貶後褒

話雖如此，有時我還是會先罵了再說。然後我會給他們點「甜頭」吃，減輕批評帶來的打擊。我會對那個挨批的球員說些支持的話或是點個頭，讓他知道我對他有信心，相信他能把事情做好。

等我罵完，球員會覺得我相信他所犯的錯只是一時失常而已。

此外，如果有旁人在看，我點頭的動作也會保住他的面子。整件事雖然只在幾秒內就結束，但效果往往都能持續很久。

要記住：無論你是先褒後貶還是先貶後褒，你得真心覺得如此才說出口。即使你是真心的，也不要一天到晚把讚美掛在嘴上。

達成大家對你的期待

給全隊的季前信

一九六五年

為了全隊好，你必須管好你自己以達成球隊對你的期待。當個教練得要做很多決定，你不見得會全數同意，但你得全數遵守才行。若是沒有管理，沒有領導，沒有全員遵行紀律的努力，我們全體的能量就會浪費在攻擊自己人身上。別讓球隊變成內訌的受害者。

如何看待別人的讚美

我們都想要聽到有意義的讚美。但是當你對於讚美的需求變高，你反而會變得更軟弱。因此，你最好提醒自己，大多數的讚美往往都是沒有根據的。

傳奇高球名將班・霍根有一次在練習場打球，旁邊的觀眾對他說：「好球，霍根先生，這一桿打得漂亮！」

據說，霍根先生轉過身來問那個人：「你又不知道我想打什麼樣的球，你怎能知道我這一桿打得好？」

嗯，大多數的讚美就像這樣。旁人只看到了結果，但根本不了解你知道什麼。對於讚美和批評置若罔聞，你就會聽到你真正需要的讚美和批評。

建立信心

我的原則是在暫停時，讓助理教練和球員自己去決定誰來執行關鍵一擊。當然，我知道該由誰來操刀，但我會讓他們自己想出來。除非他們選錯了人，我才會跳下來干預。

這是我表達信任的方法之一，我相信他們有能力把事情做好。

長期在許多小事情上給予他們肯定和參與的機會，才能一點一滴地建立信心。多找類似的機會去表達你對手下人的信心。

這就是為什麼我會確保每一位助理教練，在領導和訓練的過程中扮演著舉足輕重的角色。無論是在球隊練習時、開會時、比賽時，他們都有很大的存在感，尤其是在暫停的時候。大體來說，我會試著放手讓他們去做，而不會一直干預。

一支不會**事事**都想要請示老大的團隊，將會擁有超強的行動能量。這種能量可以搞定一切。

創造信任感

領導者該如何創造信任感？你得這麼做：做你該做的事，這樣你手下的人才會對你產生正確的期待。

你要相信他們能發揮自己的潛力。如果他們發生失誤或判斷失準時，要找出原因幫助他們克服錯誤，而不要老是想著要究責、非難或處罰。

要讓你的手下人知道，你相信他們能夠成功。你要凡事公平。你要萬事信賴。

簡而言之，若是你想加入那人所領導的團隊，就該讓自己成為那樣的領導者。

先挫其銳氣

每周的練球，我都會使用一種特定的模式教導他們。當周的前幾天我會用批評讓全隊球員跳腳。接下來，當比賽快到了，我會讓他們好過一點，給他們多一點正面的支持。

首先，我會挫其銳氣；然後，我會長其志氣。在挫其銳氣之後，我不會讓他們立刻上場對抗其他球隊。

沉默是金

若是UCLA在比賽中海宰對手，我在賽後不會多說什麼。球員的自我感覺已經良好到不需要我來錦上添花。

若是UCLA在比賽中被對手海宰，我在賽後也不會多說什麼。球員的自我感覺已經糟糕到不需要我來落井下石。

我會先等一段發酵時間，然後我才會讓他們嚐一點我的讚美或是批評。

一般來說，我會試著在成功時批評，在失敗時讚美。

球星的待遇

麥克・華倫
UCLA籃球校隊，一九六六至一九六八年
兩屆全國冠軍

伍登教練非常看重標準、規則、原則，和價值，所以他全力維護這一切。他知道如果能讓隊上的主力球員遵守這些原則和標準，就能給整支球隊良好的示範。如果隊上的球星可以不理這些規範，每個人都會起而效尤。

要快，不要趕

趕進度的時候要特別注意。能力強的領導者很忙，有時候你會忙到得虛應故事，而沒有妥適認真地處理它。你一時輕忽的後果可能會非常嚴重。

我不斷地提醒球員：「要快，不要趕。」目標是要細心且快速地完成訓練。我自己的工作方式也是一樣。

第一次就要把它做好，因為也許沒有第二次了。我曾釘了張提示卡在球隊的公佈欄上，好提醒大家一個重要的問題：「如果你沒空把事情做好，那你怎麼可能還會有空重做一遍？」

伍登之道

雷・瑞根
南灣中央高中籃球校隊
一九三八至一九三九年
律師

把準備及訓練工作細節化

伍登教練總是隨身帶著一枝黃色的2B鉛筆。如果他手上沒拿著一枝黃色的2B鉛筆，那大概是因為他正拿著一顆籃球。

每件事他都鉅細靡遺地寫下來，所有練球及比賽時的相關事項他都一一記錄。他持續追蹤我們的表現數據，然後訓練我們改善這些數據，只要講到這件事，伍登教練真的是超神的。我到現在都還記得那枝黃色的2B鉛筆。

我也記得當時我們隊上有一個打球很獨的球員，他會一直大聲地要求隊友把球傳給他，只要他一要到球，就會霸住球不放直到自己出手。接著他又開始大聲地要球。

有一天，在五對五分隊練習比賽的時候，伍登教練決定要好好教訓一下這個單幹王什麼叫做團隊合作。教練把我們四個人叫到場邊，要我們把球傳給那個喜歡要球單打的隊友。他說傳球之後，我們四個人就立刻跑到球場中央，坐下來，然後讓那個獨王自己一個人去對付對手。

這就是伍登之道，他讓這傢伙看到，如果大家不能互相幫助，那就什麼事情都做不了。

在經過那次的小教訓之後，這個球霸開始願意傳球了。對於某些怎麼樣也學不會傳球的球員來說，這是極佳的教育方式。而教練還有很多不同的伍登之道可用。

他的長處就是藉由努力操練來教導基本動作。沒人會在練球結束之後急著跑去洗澡，因為我們所有人都被操到完全累癱在更衣室的板凳上。有時，管理員還會跑來拜託我們說：「拜託啦，我想回家吃晚飯了。趕快去洗澡啦！」教練真的讓我們使盡了全力練習。

我們曾經祈禱，希望比賽日能快點來，這樣我們就不用練球練得那麼辛苦了。但努力是有收穫的。在一九三九年球季，我們拿下了十八勝二負的成績，並且被看好能奪得印地安那州高中籃球巡迴賽的冠軍。可惜，我們最終未能如願。就在分區賽開始之前，隊上每一個人都得了流感。我們一點機會也沒有，熊隊就此輸給了我們的世仇對手——米夏娃卡高中。

賽後，伍登教練說他因為我們而感到驕傲，因為我們在比賽中出盡了全力，而且我們始終不服輸。當時更衣室裡的氣氛低落，可是我相信沒有一個球員認為自己是個沒用的輸家。因為我們已經在場上拿出我們最好的表現了。

除了教導基本動作之外，伍登教練更重視某些其他的事情。

當有球員變得剛愎自用，有點失去控制，行為開始像個不成熟的青少年時，他會喊停**所有練習**，然後強而有力地告訴我們：「小伙子，我要你們變成真正的男人，而不是只能在籃球場上打敗人家。」他是認真的。他的教育目標已經超越了一味求勝。

在賽前，他告訴我們要盡力打出最好的表現；如果輸球，絕對不要懷憂喪志；絕對不准污蔑我們的對手；還有，如果他們打得好，要恭喜他們。當然，最重要的，絕對不准對神有任何不敬的言行。

他的道德觀，也就是他的正派高雅，深深地影響了我。他是一位紳士，也是一位**非常**強勢的教練。

當我從他身邊離開時，我覺得任何自己想做的事都能全力以赴。我們每個人都被訓練得很好，也都準備好了，可以去面對籃球以外的人生。

第三部

保持競爭優勢

給全隊的季前信

一九七〇年七月二十六日

我不會在意你的種族背景或宗教信仰，但你的能力以及其如何用以實踐我的球隊比賽哲學，卻絕對會影響我對你的評價。此外，無論是有意或是無意識地，你的個人品行以及是否嚴守我訂下的標準也必然會一併納入考量。

精挑細選

我不相信一名領導者有辦法像變魔術一樣地，把某種人格灌輸給原本沒有的人。如果你讓這些人進門來，想要改變他們通常為時已晚。

有位父親問過我：「伍登教練，你能夠把某種人格教給我兒子嗎？」我的答案是否定的。

縱然我有能力去滋養與測試那個年輕人的人格，並給他機會去展現人格，但確實無法將他不具備的人格灌輸給他。

你是否有能力挑選出可靠的人是很關鍵的。一顆老鼠屎不只是會壞了一鍋粥。

人格問卷

我尋找的是有人格的球員，而不是奇怪的人。你該如何分出箇中差異？

在ＵＣＬＡ擔任總教練的那些年，我的學生運動員大多來自學校附近的洛杉磯以及南加州。我之所以會對這些地區的頂尖高中球員有所認識，通常是經由報紙的報導，或是接到其家人、朋友或高中教練的電話。

雖然報紙可以提供給我數據資料，像是誰是該區最強的得分好手，但卻無法提供像人格這樣的個人特質資訊。

因此，如果我覺得一個球員真的有潛力，我會寄一份問卷給他的高中教練。從一九五〇年代我就開始這麼做了。

出於同樣的重要性，我也會寄一份相同的問卷給其他五位教練，因為他們的球隊都曾經跟我想調查的那名學生運動員交過手。顯然，很多當地我認識的教練都樂意協助我完成調查。

我請每位教練針對下述的十大特質，逐項用一到十分來替該名學生運動員評分。整體說來，這些問題實屬教練們的個人判斷，而與統計數據無關。統計數據我可以從報紙上拿到。下面就是我感到有興趣的幾個問題與特質：

一、態度
二、衝勁
三、合作度
四、無私程度

五、是否以團隊為重

六、靈敏度

七、積極度

八、守時度（是否守時）

九、個人習慣

十、與隊友相處是否融洽

在收到這些教練寄回來的排序資料後，我會把各項數據進行排列組合。如此一來，這名球員在各項重要基礎特質上的表現優劣就能一目了然。

我也會檢視該學生的學校成績單，了解關於成績、課外活動、出席率，或操行問題等相關資訊。

我也會想了解他們的父母，他們是否已經離婚、是否上教堂、是否有工作（什麼樣的工作）等等。這個年輕人是獨子嗎？（這之所以重要是因為我覺得獨子或許不習慣與他人分享。樂於分享的特質，對我來說幾乎跟投籃能力一樣重要。）

這份人格問卷相當可靠。在我的印象中，每一個球員經過這樣的精確評估後，我都能清楚看出他在**統計數據之外**各方面的優點及缺點。

當球員擁有出色的統計數據時，這些其他方面的關鍵特質都往往會被忽略。

什麼東西不能教？

約翰．伍登找的人必須要有人格與靈敏度，這是召募新血時的優先考量。也許是因為教練覺得這兩樣東西教不來，所以你必須在入隊之前就已經具備這兩項特質。

蓋爾．古瑞奇
UCLA校隊，一九六三至一九六五年
兩屆全國冠軍

如何影響未來

給全隊的季前信

一九七二年，在拿下第八個全國冠軍之後

我必須告誡你們不能活在過去。一九七一至一九七二年賽季已經是歷史了，而我們必須展望未來。過去的歷史不能改變將來。你每一天所做的工作才是唯一改變將來的途徑，讓你改進自己，把自己準備好面對將來。你無能改變過去，你只能用今天的行動去影響未來。

求勝意志

真正具有競爭力的球員，是擁有「求勝意志」這種特質的獨特球員。你該如何找出他呢？很簡單。擁有求勝意志的競爭者，也一定會有強烈的工作意志。

你很容易看出一個人有沒有強烈的工作意志，因為你每一天都能從他的工作狀況中看出這項特質。它就在你面前。一個偉大的競爭者永遠不會停下來，他／她會一直努力工作，以成就最頂尖的自己。這樣的人就擁有工作意志。

重視四種價值

一、重視別人
二、重視真摯
三、重視忠誠
四、重視時間

用海軍陸戰隊的方式找新血

我的兒子吉姆年輕時選擇加入海軍陸戰隊。我很為他驕傲，但是我也注意到海軍陸戰隊在新兵召募的時候，並沒有對吉姆或其他任何人巧言宣傳。相反地，他們說的都是這份工作有多辛苦、時數有多長、任務有多艱難、情形有多惡劣等等。這些都是為了要找到「少數精英」，因為他們真心想要成為偉大團隊的一份子。

海軍陸戰隊若想要吸引適當的人才，想要找出願意付出必要代價以成為其一員的新血，這當然是最可靠的篩選方式。

那些提出申請，希望加入團隊的人，都不會想過輕鬆的日子。他們知道任務會很困難，但卻依然接受，甚至欣然歡迎。

無獨有偶地，我向來在招募新秀時也是採取類似海軍陸戰隊的方法。沒有甜言蜜語，也沒有大話承諾。我從來不保證球員的上場時間、獎盃或是頭銜等等。我能對候選球員做出的最大承諾就是：如果他們到UCLA來用功念書，他們會得到很好的教育。

過去這麼多年來，我想我的方法已經預先篩選掉了很多不適合的球員，因為他們入學之後必然無法融入我的體系之中。這省下雙方很多的時間。雖然召募新血的方式不盡相同，但我的方法確實跟海軍陸戰隊的方法有異曲同工之妙。

累死人了

練球的強度就像一場正式球賽的強度一樣。我們全速跑動，進行各項練習，沒有一刻休息。在一開始的六周裡，每次我練完球回到宿舍都完全沒辦法做功課。我太累了。我得睡上兩、三個小時，然後才在凌晨一點起床寫作業。

「天鉤」賈霸
UCLA校隊，一九六七至一九六九年
三屆全國冠軍

我要追求挑戰的人

我要的籃球員，都是希望能在練球時被狠狠操練的人。我和他們說：「如果你不想練球，就告訴我。你只要說一聲就行了。我會讓你不用練球。除非你真心想要練球，不然我不想要把你綁在這裡。待在家裡吧。如果你不確定你是否想待在這裡，那我要你待在家裡。」

當然，沒有人待在家裡。我說這句話的目的，只是要警告他們練球會非常辛苦，他們得做好準備。而且不准抱怨。

我不要我們當中有任何球員抗拒追求心智及體能的成長。相反地，我要找的球員，都是希望能接受嚴苛的必要訓練，以獲得極致的競爭力。

總的來說，我召募新秀時的篩選過程確保了上述的結果。

殺手的直覺

我帶領的團隊在高壓之下更為強悍；也就是說，他們通常不會分崩離析，不會驚慌騷動，也不會向焦慮屈服。原因為何，且讓我提供一個可能的解釋。

良好的訓練、足夠的天賦，以及我們所有球員都能堅守基本的原則，這些都是原因。然而，這些特質很多球隊都有，但他們在關鍵時刻還是會失誤。

我的看法是，我對於成功的定義，亦即我的哲學給了我的球隊與眾不同的特質，讓他們能在高壓之下，仍然持續表現出接近其頂尖水準的能力。

在我教給他們的許多事情當中，這一項或許是最優先的：「成功是一種心靈的平靜，當你知道你已盡其所能地去變成最好的自己時，你不只獲得了滿足，也從而獲得了平靜。」

我的每個團隊成員都知道那是我最高的評斷標準。既不是比數，也不是頭銜，更不是贏得冠軍。重要的是，「你能在賽後抬頭挺胸，因為你已盡其所能做到最好。」

一旦你的團隊成員能夠接受這個概念，而且不只是接受，還是**真心相信**它，他們就能完全掌控他們的成功。因為努力與否取決於他們自己，而不是由對手、球迷、媒體，或是其他任何人決定。最終的結果如何也許由不得我們，但要付出多少努力則是由我們自己決定。

因此，到了緊要關頭，他們不會太擔心輸球和比賽的結果，所有因恐懼而來的焦慮感都被降到最低。事實上，作為一名球員以及教練的我，從來不曾焦慮。我相信我已經將同樣的穩定性大量地灌注給我的球員。

只要這支球隊才華洋溢、訓練有素，而且信奉我的哲學，他們就能毫無畏懼地上場比賽、極端投入、完全付出。這支球隊不會分崩離析，不會驚慌騷動，也不會向焦慮屈服。這些球員能實現目標；他們會完成任務。

這種情況，有些人稱之為**殺手的直覺**。我傾向稱之為**極致的競爭力**。

才華的缺點

在最高等級的企業競爭與運動競賽裡，你的團隊必須擁有真正的才華方能取勝。每一位領導者都知道這一點。然而很多領導者不知道的是，如何**與**有才華的人才一起贏得勝利。

有一個不起眼的原因：一個人的才華愈高，就愈難讓他成為一個以團隊至上的球員。

放眼運動界，你就能看見一些球隊之所以無法贏球，就是因為陣中的超級球星是一人球隊，而不是球隊的一員。

在企業界也是一樣。你只是很少從報紙上讀到而已。

找到真正有才華的人很難；要那人願意為了你的團隊福祉而犧牲自己的才華更難。對我來說，解決方案很簡單。我只要記住：一名無法讓球隊變得偉大的球員，終歸不是一位偉大的球員。

問對的問題

每一支團隊都有一定的潛力。不過，只是**湊成**一個團隊，穿上相同的制度或是在同一家公司工作，並不足以實現此一團隊的潛力。

以下才是該問的問題：「我們數量很多，然而我們夠份量嗎？」領導者的角色就是要讓「數量」變成「份量」。

團隊為我首要顧念

給球隊的信

一九七一年

身為教練，必須更關注團隊的整體福祉，而非單一球員的利益。因此，教練在選擇球員以及指派合適位置時，必須盡可能地做出最有把握的決定。最終如果這些決定出現錯誤或是不佳的判斷，我才是那個最難受的人。你們當中會有很多人不同意許多決策，但是你們不可以讓你的反對像癌細胞一樣擴散開來，進而影響你把個人能力發揮到極致的努力。

展現沉著的自信

所謂的贏家態度，在大多數的成功團隊之中隨處可見。傲慢不是贏家應有的態度；它是輸家的態度，因為它可以很輕易地為你搭好舞台，上演失敗的戲碼。

沉著與冷靜的自信就是贏家應有的態度，而且是能帶來成效的態度。當你覺得自己正在進行適當且全面的準備工作，或是你已經完全準備好的時候，你就會有這種感覺。

一般常見的態度，就是你覺得你自己再也不需要準備，也不需要改進了。這種態度就是傲慢。就我看來，一旦你有這種感覺，你就已經是個輸家了。

球員加入球隊的時候不見得都具有沉著的自信；他們將會從負責一切的領導者

身上學到這種自信。

沉著的自信是會傳染的。不幸的是，傲慢也會。

保持巔峰

從一個人如何接受自己成功，可以看出他這個人的內涵以及部份的人格。不管你是領導者或是團隊成員都一樣。

如果你在達成目標之後就開始自滿，對於自己登上巔峰感到很滿意，你會開始失去**繼續**進步的動力；你會誤以為過去的成功不需要更多努力就會再度降臨；你會從此停止聆聽與學習。

這些情況實在太常見了，也說明了為何很多曾經達成過偉大成就的人，再也無法重登巔峰。

我對我的手下人說：你的天賦可能會將你帶向巔峰，但是只有你的人格能讓你保持巔峰。因為人格之中存有一個重要面向，那就是永不止息地渴望進步。

跟願意傳球的人在一起

風格會轉變；體系會轉換；領導者會更換；規則會改變。人呢？人是不會改變的。永不改變的人性之一就是自私，自身利益至上。

在運動界裡同樣常見，那些將個人數據置於團隊成功之前的人，他們寧可勉強出手，也不願意把球傳給有空檔的隊員，這就是自私。

你必須教導你的手下人，只有幫助團隊成功，才會有個人的成功。為了讓團隊成功，他們必須渴望去幫助其他人，去分享他們手中的「球」：無論這「球」指的是資訊、人脈、經驗、信用與點子。

聰明的領導者都知道，無論是球場或商場，霸住球不放的人都會傷害整個團隊。

無私傳球的人，才是能幫助全隊獲勝的那種人。

領導者的待辦清單

一、助長真誠、樂觀與熱情。

二、摒除悲觀主義與負面嘲諷。

三、認同真實稱讚的價值。

四、即使反對，也不要變得難以相處。

五、確定每個人都了解自己在造就團隊成功中所扮演的特定角色。

記得腳痠

你或許不能跟別人跑得一樣快，但是那並不能阻止你嘗試跑出**你**的極速。

在比賽以前，計畫、準備並練習，以達到你的最高水準。到那時，即使你不是全場最快的跑者，也要盡己所能地跑出你的最佳比賽。

誰知道呢？在比賽那一天你的對手說不定腳正痠。

忘記過去

給球員的信

一九七〇年

距離去年球季結束已經快四個月了。那是非常成功的球季（UCLA在七年內贏得六座全國冠軍），然而它已經成為歷史，我們必須望向未來。

過去的歷史不能改變將來。你今日所做之事才重要，而我衷心希望你能展望下一個燦爛的球季，不只是願意，而是渴望去做出必要的個人犧牲來達到這個目標。所有珍貴的成就都需要犧牲與努力。

每個球員都重要

每個角色都吃重；每個角色球員都關鍵。每一個球隊的成員都必須對自己的工作感到自豪。領導者必須把這種自豪感傳遞給每一個人，尤其是那些覺得自己的角色並不那麼重要的人。

在UCLA，替補球員得要幫助先發球員變得更強，他們要知道這是他們的工作之一。這雖然不是什麼很吸引人的工作，但和店員、接線生或是工人這些人所做的工作也不一樣。這世上大多數的工作都沒什麼吸引力。（要我來說，當個總教練也不怎麼有吸引力。）

角色球員必須了解他們的工作很重要，其重要性就在於他們為全隊的成功做出了有意義的貢獻。

我不相信一個具有效率及實績的團隊中會有不起眼的工作或是不重要的角色。只有少數人會**覺得**自己的工作不起眼，或是自己的角色不重要。身為領導者，必須改變這些人的想法，或是改變這些人。

成功四大方向

一、努力工作和好運道總是相隨相倚。

二、對手**永遠**值得尊敬。

三、彌補錯誤的速度要快；倉促行事則會造成錯誤。

四、追尋一種品格就好，不要貪多。

被忽略的獎項

在UCLA，我們有許多獎項，像是最有價值球員獎、最佳替補球員獎等等。但有一個最重要的獎項卻被大眾忽略了。那個獎勵是來自於我的感謝，當我看到一個努力的人把自己的工作做好，尤其是完成了少數極為重要的任務時，我會立刻讓對方知道，我注意到了。

我不會隨隨便便或毫無來由地對人頷首稱許，或是眨眼示意。我選入球隊的人都有其天賦；我認為他們會成為出色的球員。但若他們之中，有人能在練球時特別努力，繳出了比「出色」還要傑出的進步，我會立刻點個頭或是眨個眼讓他們知道，我看到了。

你領導的人亟需你的肯定和稱許。不要等，馬上給。當你看到你隊上的人表現得很好，馬上就讓他知道。只消一秒鐘你就能做到。

對於那些比較不起眼的角色球員來說，這一點特別重要。你的頷首稱許或是眨眼示意對於他們的意義，就像是你的王牌球員獲得MVP獎座的肯定一樣重大。

無私地準備

給全隊的季前信

一九六四年

為了讓全隊能獲取最大的成就，每一個人都必須做好準備，把自己調整到最佳狀態，然後全力投入球隊的訓練。你這麼做的原因必須是完全無私的，絕不能想到你個人的榮耀。唯有當大家都不在意個人是否會得利之時，才能一同獲致最大的團隊成就。

要鬥志，不要鬥氣

我喜歡充滿鬥志的球員，年輕、充滿活力、衝勁和戰鬥力，並且把球隊放在第一位。

對於容易激動的球員，情緒起伏不定的球員，或是做事不果決，什麼事都愛抱怨又愛發牢騷的球員，我一概敬謝不敏。

相比之下，有鬥志的球員戰力既強，表現也很穩定，很容易與之共事。那些容易情緒激動的球員則完全不是那麼一回事。

領導者也是一樣。比起那些經常受困於自身情緒的人，充滿鬥志的領導者會更有效率，也更有效能。

去把球搶來！

這是我要的態度：「去把球搶來！」這種態度是我想要看到的。「去把球搶來！」那是一種積極的態度。

無論**場內外**，這種態度都可以搞定一切。絕對不要坐著空等。當你躊躇等待之際，已經有人「把球搶走了！」

然後呢？就在一瞬間，你已經處於落後的狀態了。

隆巴迪教練式的熱情

我非常尊敬文森．隆巴迪教練，（譯注：美式足球傳奇教頭，六〇年代曾帶領NFL綠灣包裝工隊打下三連霸。）他是史上最偉大的教練之一，也被許多人認為是一位情緒化的領導者，經常對球員和裁判發飆。雖然他的脾氣之差遠近馳名，但他卻依然成功不墜。

有人就問我：「伍登教練，您一直告誡我們情緒化會付出戰績不佳的代價，隆巴迪教練的例子不就是給您直接打臉了嗎？」

我不願意在這麼多年之後去評判他人，但且讓我這麼說吧：隆巴迪教練很少失控。看起來雖然是這樣，但我相信他**知道**自己在幹嘛，也知道自己為什麼要這麼做。這就是關鍵：自制或失控。

隆巴迪教練也許就是一個演技極佳的演員。（演技做為領導技巧之一的重要性常被人忽略了）我真的不認為他是一個沒有自制力的領導者。

憤怒，憎惡，狂喜，或是其他任何你感覺得到的情緒，一旦它們會讓你失控或失去自制力，就會帶來不良的反效果。

我不會騙你

給全隊的季前信

一九六七年

如果我覺得在這個隊上已沒有你貢獻己力的餘地，那我不會讓你把時間浪費在這裡。如果你不覺得自己是這支球隊的一份子，那你應該直接退隊。雖然我希望能給球員更多的時間，而不是提早結束一切，但我若是覺得你在浪費你的時間，我會直接把你開除。

熱情的聲音

千萬別用一個人說話聲音的大小來判斷這個人熱不熱情。比爾・華頓的熱情可以熱得冒泡，「天鉤」賈霸則是完全相反。如果你聽他說話，你會以為他一點熱情也沒有。他超級安靜，快跟和尚沒兩樣。

賈霸就和比爾一樣熱情；他只是沒用嘴巴說而已。說話大聲不代表就是熱情洋溢。有時如此；有時則否。

有力的領導者深知箇中差別。

有做事，不等於有把事做好

多年來我已經看過很多動作很快的人，就像水蟲一樣滿場飛。那樣的人，乍看之下你也許會覺得，「他可以帶動全隊的士氣」。

但是，一旦你開始**研究**他，你就會發現他什麼也沒帶起來；什麼事也沒完成。他也許會做得太多、太過火，投籃時太快出手，來回往復，忙得不亦樂乎。他做了很多事，但沒一件事做好的。

我很看重熱情和追求目標的衝勁。但兩者都必須能產生出最終的效果：把事情做好！不然就會像剛學會走路的孩子那樣，充滿了活力到處亂跑，但根本哪裡也沒去成。

你領導的手下人也可能會發生一樣的事情，充滿活力但仍舊一事無成。別搞錯了，有在做事，不等於有把事情做好。

老二哲學的精髓

我常常說賈霸是我帶過最有價值的球員。他之所以最有價值，是因為他出色的身高和臂展，求勝心以及心理素質實在太強，迫使對手必須大幅度改變他們的打法，這一點在我教過的球員中無人能出其右。

我也曾說過健康的比爾·華頓應該是我帶過的**最強**中鋒，他也可能是大學籃球史上最強的中鋒，足以超越比爾·羅素和張伯倫。（譯注：羅素和張伯倫都曾主宰大學籃壇，進入NBA後更被視為聯盟史上的最佳中鋒。）

他之所以是最強中鋒，是因為他擁有最全面的技巧。如果你把所有的籃球技巧全拿來比較，無論是傳球、罰球、得分、助攻或是籃板等等，比爾．華頓在每一個單項上的表現雖然都不是最強的第一名，但他在**所有**的項目絕對都是第二名。至少，在我看來是如此。

美國人不鼓勵你當第二名，真正重要的是當上第一名。但當你發現有人在所有重要的項目評比上都是第二名時，你已經為你的組織找到一個具有偉大潛力的新人。

領導力就是平衡力

雖然有人會說「經驗」、「專注」、「技巧」，以及其他類似的特質也很重要，但對領導者及團隊來說，最重要的單一個人特質也許就是「平衡力」。

從心理素質的角度來看，平衡力代表讓凡事各就各位，維持良好的自我管理，並且避免團隊的表現因為運氣好壞而造成劇烈的起伏。平衡力意指不讓事情逾越你不能控制的範圍，也不讓負面效應影響你能控制的範圍，同時讓你無論在勝利**與**慘敗的狀況下維持你的穩定性。

平衡力所影響的層面，對於領導力都具有極高的價值，因為這些環節讓你將輸贏和起伏維持在正確的相對位置上。

如果終場的比數就是你的底線，它就代表了一切，當它耗盡了所有的能量，那你就是領軍走向死胡同。這種不平衡存在於各種生活行業當中，在許多野心勃勃、熱愛競爭的人身上也很常見。

我自己就認識好幾個擁有出色戰績的頂尖教練，因為想要超越過去的紀錄而陷入精神崩潰。他們滿腦子只想著一件事，就是贏球。他們失去了生活的平衡，接著他們就失去了一切。

「唯有贏球，才是王道」，像這樣的思維終將失效，甚至毀掉一切。你必須在各個生活的層面當中，重視與追求心靈及情緒的平衡。你的平衡力愈佳，你的領導力愈強。

做出對全隊有利的事

給全隊的信
一九六五年

為了全隊好，你必須管好你自己以達成球隊對你的期待。當個教練得要做很多決定，你不見得會全數同意，但你得全數遵守才行。若是沒有管理、沒有領導、沒有全員遵行紀律的努力，我們全體的能量就會浪費在攻擊自己人身上。別讓球隊變成內訌的受害者。

不要抑制進取心

我不相信嚴格地限制球員會扼殺他們的進取心。

有進取心很棒，但它不能被球員拿來當做自私的藉口。我想要在球員身上看到這樣的特質，不過一旦你開始變得自私，那我寧可不要你有進取心，而你得給我停在那裡，別再更進一步。

西德尼．威克斯在他大二那年的球季變得很有進取心。但很不幸地，積極進取的西德尼最後變成一個霸著球不放的球員。他的進取心沒有考慮到全隊。那就是自私。

我讓西德尼坐在板凳上，讓他好好看著不自私的隊友是怎麼打球的，這才逐漸把他錯誤的進取心給矯正過來。在那之後沒多久，他就幫助UCLA贏得了兩屆全國冠軍，也成為全美最佳的大學籃球員之一。

他終於搞懂該如何用進取心無私地幫助球隊。西德尼因為無私而變得更強。

打造高效團隊的六大法則

一、重視球隊的鬥志及士氣

二、找出誰是好球員和誰缺乏競爭力

三、找出誰是可能的麻煩人物後予以淘除

四、公平地給予每個人應得的機會

五、重視戰鬥力、決心、勇氣，和渴望

六、要求合作及良好的態度

無視毀譽

一個人性格的力量高低，可以從其如何回應稱讚及批評的方式來略窺一二。

我常告誡我的球員：「不要讓外界的讚美或批評影響到你。把它全部洗掉。」「如果它能改變你，那就代表你太過脆弱敏感。不管是讚美或是批評，把它全部洗掉。」球員聽完這些話之後都會點頭表示了解。

而當他們全都同意我說的話之後，我會再補上一句話：「除非，這些讚美或批評是我說的，那你最好別把它們給洗掉。」

自己負責

我的任務之一就是要教會我的球員如何為自己的成功扛起**個人**的責任。最終，這由不得我。成功或失敗是掌握在他們自己的手裡；一切是由他們決定。這是他們自己的責任，離開了籃球場之後仍是如此。

我在球隊公佈欄貼了一段話給他們：

你所做的每一件事當中，
有些決定得由你來做。
所以你要記住，
最終你所做的決定
決定了你是誰。

也許我會在最後一行加上這句話：「你所做的決定，也決定了我們是什麼樣的球隊。」

只消一個球場外的錯誤決定，就能毀掉我們每天在體育館裡辛苦達成的成就。我要他們了解，他們在球場外的行為會影響到他們在球場上及比賽中的表現。

即使我不在他們身邊監看一切，他們也必須在自己的生活中做出正確的決定。不然，各種失敗將會接踵而來。

信任產生互信

「信任，雖然偶爾會帶來失望，但遠勝於不信任而一直失望。」林肯總統的這句話值得銘記在心。

把一群好人集合起來，好好地教導他們、訓練他們。然後要有足夠的勇氣，信任他們可以做到他們該做的事。

信任產生互信。你的信任帶來他們的信任。勇敢地信任他們吧，一切會有所回報的。

放手讓他們去打

一旦比賽開打，我就覺得自己的教練工作已經結束了。我應該要坐上觀眾席看球，而不用從板凳席一直給球員指示和微調任何細節。

我要我的手下人負起自己的責任，做好自己該做的事。我會和他們說：「到了場上，不要再看著我求助，不然我會派別人上場，因為他知道該做什麼。」

你帶領的球員是來這裡打球的。就放手讓他們去打。

靠自己

伍登教練只會在中場和賽前練習時給我們指示。一旦比賽開打，我們就得靠自己了。若是他要批評我們打球的方式，一定都會給我們能夠據以改進的建議。

比爾．莫爾
南灣中央高中．一九四二年

創造一個良好的工作環境

雖然我不想當個殘酷的怪物，但我真的想要為球隊創造最有效率的工作環境。所以，我堅持所有人無論練球或是開會都得準時，都得著裝整齊。舉例來說，我會要每一個球員在練球時把上衣紮進褲子裡，把襪子拉高，讓全隊看起來整齊畫一。

對我來說，準時、守序、有禮，和其他類似的簡單元素，都能營造有利於球隊成長進步的氛圍。

早些年我們在舊的男生體育館練球，那裡老舊失修，灰塵瀰漫又髒亂不堪。每次練球前，我都會和我的球隊經理一起把球場掃過一遍，然後把地板用抹布擦乾淨。我要給我們的球員一個乾淨而且安全的球場練球。

你為你的組織所創造出的工作環境，是此一組織能否成功的決定因素之一。為了確保我們工作的地方能夠產出最好的結果，我對球場的管理是一點也不馬虎的。

你的力量來源

給全隊的季前信

一九二七年

吉卜林的「叢林生存法則」說得沒錯，「狼群的力量來自於狼，而一隻狼的力量來自於團結。」如果你能在教練的監督之下，為了全隊管好你自己，即使你不全然同意我的決定，但我們將能達成許多目標。就像某人曾經說過的：「當大家都不在意個人是否會得利之時，我們就能獲致驚人的成就。」

2＋2＝6

把所有最好的球員加在一起，不見得就是最好的球隊。我一直在找球員的最佳搭配組合，也就是把一群能夠一起共事的球員組合起來，創造出最有戰力的球隊。

我試著組成一支團隊，而不只是各球員的集合。

關鍵的化學效應

安卓・麥克卡特不是我帶過最好的後衛。比特・塔哥維奇也不是。然而，當他們**連線**時，卻是我見過最強的防守雙人組。

他們為彼此加分，也聯手讓全隊在一九七四到一九七五年球季時的表現更上層樓。我們之所以能在那年贏下全國冠軍，就是因為他們發揮了影響力。安卓和比特的合作產生了良好的化學效應。

早些年，華特・哈查德、蓋爾・古瑞奇、奇斯・艾力克森、肯・華盛頓、道格・麥金道許，和他們的隊友一起組成了一九六四年的全國冠軍隊，他們其實算不上是我帶過最強的團隊。

但若講到場上的凝聚力和團結合作，那他們是我見過最強的一支球隊。沒錯，他們的合作產生了良好的化學效應。

一個領導者要尋找的團隊組合，每個人必須在能力、個性，以及態度上都能在彼此之間產生相乘的加分效果。

如果你只是在找「誰是最有天賦的球員？」那你可能就忽略了「什麼是最強的球隊？」

我看重天賦，我也總是在尋找最好的球員。但我更常在找尋能讓球隊更好的球員，或是更好的球員組合。這就是我的建隊目標：建立一支好的**球隊**，而不只是一支擁有幾個好球員的球隊。

打球的高度

我對我教的球員有一個非常清楚的要求：我要你完全地付出和全部的努力。

如果有人能把這兩種充滿威力的個人特質灌注到我的球隊裡，我才不管他的身高是七呎二或是二呎七。

我一再提醒我帶的球員：「我才不管你身材的高度。我在意的是你打球的高度。」

力求完美

沒有什麼事是可以做得比預期的更好。我們多多少少都**沒有**做到我們預期的程度。沒有人可以做到他或她做不到的事。

不管你已經成就了什麼，你還是可以達到更多的成就。不管你做完了什麼，你應該可以做得更好。

領導者的工作是教導他人如何做得更多、做得更好，以及如何不斷趨近他們自身百分之百的潛力。

我們無法企及完美，但我們可以力求完美。終其一生，我腦中的想法始終如一。

我的大門始終為你敞開

給全隊的季前信

一九七二年

如果你想要和我聊聊的話，隨時歡迎你來。但請記得，如果我們未能對你的位置或隊上其他球員的位置達成共識的話，並不必然是因為我們之間缺乏溝通。你有任何問題，我始終都有興趣聆聽，但我也認為每個人都應該先盡其所能地解決自己的問題，而不是把問題全丟給別人解決。在煩惱時，我會依靠禱告讓自己寧定。而我也相信所有的禱告上帝都聽到了，祂也回應我了，即使我得到的答案也許是「不行」。

我心中的團結

一條鎖鏈再強固，也比不過它最脆弱的那節鏈環。一支球隊再強，也強不過隊中最弱的球員。我們必須「人人為我，我為人人」，每一個人都必須在比賽及練球的每一秒鐘，投入他的最佳狀態。

團隊至上；個人榮耀居次。我們沒有任何自私自利、自我中心，或是妒忌他人的空間。

我要全隊都是無懼任何對手的戰士；絕不自大，絕不自滿；全隊都能全力以赴，公平競爭，而且永遠努力做到最好。

其他人也許比你快、比你壯，而且球技也遠勝於你，但**沒有人**可以超越你的團隊精神、你的鬥志、你的決心、你的企圖心和你的人格。

要相信你球隊的能力，你的球隊自然就擁有難以抗衡的力量。

抬頭挺胸

每一場比賽之前，包括那十場全國總冠軍的決定戰，當我們球隊抵達球場時，我都會和球員說一樣的話：「你要確保自己在這場比賽結束之後仍能抬頭挺胸。」他們都知道我講的不是最後的比數。

在說這句話的時候，我從來不會慷慨激昂，而是用認真及誠摯的自己去和他們溝通。我的球員會帶著最重要的訊息上場作戰：「盡你所能。就是成功！」相信簡單的事實，會給我們無比的力量。教會他們這件事，會給我無比的滿足。

伍登之道

奇斯・艾力克森
UCLA校隊，一九六三至一九六五年
兩屆全國冠軍

一個知道怎麼讓你動起來的天才

伍登教練之所以能成為如此傑出的領導者，是因為他能和各種不同的人合作。不管他們的脾氣如何、個性怎樣，或是風格為何，伍登教練都有辦法讓他們照著他的方法做事，就算再桀驁不馴的人也一樣。

UCLA的蓋爾・古瑞奇和華特・哈查德是大學籃球史上最強的後場

雙人組，在我看來，沒有其他後衛組合比他們更厲害了。但他們卻是兩個截然不同的傢伙。

對付蓋爾，伍登教練會用近似哄騙的懷柔方式，搭著他的肩，然後輕描淡寫地給他許多建議和一點讚美。說完，教練就會拍拍他的背，然後離開。他知道蓋爾無法接受尖銳的批評；那會破壞他的打法。

對付華特，教練知道他是吃硬不吃軟的球員。對華特說話，教練絕對不假辭色。他會很強硬地說：「華特，如果你再犯，你就給我下來。」而如果華特真的再犯，他會聽到教練說：「好了，就這樣。你去洗澡吧。」沒有任何怒氣，但也完全沒得商量。

他在執行處罰的時候非常聰明，不會把自己逼入進退兩難的牆角。所以對華特，他會說：「如果你再犯，你就……」他不會讓華特在練球結束前就去洗澡，所以他會給他一到兩次的機會去修正錯誤。華特知道他還有一點點犯錯的空間，但是不多。

教練會視我們個別的需要來對待每一個人，他會用對我們最有效果的方式。教練相信也了解，我們之中沒有兩個一模一樣的人。每一天的練球，伍登教練都展現出他對於球員的了解，他知道如何與個別的球員合作。像我，他就不會用懷柔的方式。他知道尖銳的批評對我的效果最好。而我確實如此。

伍登教練一直強調打球要像一支球隊、一個組合，和一個團隊。那是最重要的事，也是唯一重要的事。

我們的球隊在一九六四年奪下全國冠軍，雖然在球場外，我們彼此之間不會稱兄道弟，但只要上了球場，你就會覺得我們熱愛彼此，因為我們之間存在著無私奉獻的戰友之情。

伍登教練就像是帶領童子軍的大哥哥、宿舍裡的大媽、代理父母的監護人、我們的第二個爸爸，和新兵訓練營的士官長。除此之外，他還是一個男子漢。他就像釘子一樣頑強，但講到他的妻子和孩子時，他又是如此慈祥。這樣的一個既強悍又溫柔的男人居然是我的教練，不只改變了我對他的看法，也讓我對他產生了更多的敬意。我們全隊都敬愛他。而他也敬重我們。

我們就像他家庭的一份子。肯·華盛頓的家人住在東岸，所以伍登教練在假日時就邀他到家裡共進晚餐，好讓他不會太孤單。他對其他球員也是一樣。

約翰·伍登知道怎麼樣的訓練方式才會對我們每一個人都有效。他知道怎麼樣讓我們動起來。

第四部

自省錄

給全隊的季前信

一九六七年七月二十七日

我多年的執教經驗，自然會讓我對某些事變得固執己見，但大部份沒有經驗的人都會同意，經驗雖然是個好老師，但有時也會非常嚴厲。

信念：領導者的標準配備

這是我的個人意見：我相信為了達成領導者的目標，你必須**真心相信**你自己做的事。如果連你自己都動搖了，你所帶領的團隊就會跟著遲疑，那你的日子就難過了。

你得相信你在做的事情和做的方式。一旦有所遲疑，你就得有所改變。

只求滿分

幾年前我參加了一個領導力座談會，同席的還有幾位教練。我身旁坐的是一位NFL美式足球的知名教練，席間有位聽眾問了他一個問題：他對於球員的期望有多高？

他答道：「我希望他們能給我百分之一百三十的努力。不管是練球還是比賽的時候，我都要百分之一百三十的努力。」然後那位聽眾轉而問我：「那您呢？伍登教練？」

我想了一會兒之後說：「嗯，同樣身為教練，聽完他的答案之後，我覺得很不好意思。因為一直以來，我要求的就是百分之一百的努力。也許我該考慮提高我的標準。」

那位美式足球教練是我的朋友，他馬上出聲緩頰說：「請問還有下一個問題嗎？」然後他轉頭對我眨了一下眼睛。我們都是對的，雖然我們要求球員全心努力和付出的方式不同。

但是，我仍然不喜歡說些浮誇的話。我設下的標準雖然高，但都一定達得到。我要求百分百的努力，不是百分之一百〇一，一百一十，或是一百三十。滿分是你能做到的最高標準，所以我只求滿分。

力求滿分是做得到的。這是合理的要求。

為何輸球也沒關係？

艾迪・鮑威爾
南灣中央高中校隊・助理教練，
印地安那州立師範學院（印地安那州大前身）及UCLA

有時候贏球會比輸球更讓伍登教練生氣。那是因為我們沒有發揮出十足十的潛力卻贏了球，對伍登教練來說，這遠比我們打出自己的最佳表現卻輸了球還要糟糕。

努力：成功的終極魔數

你常聽人帶著諷刺的語氣說：「呃，他努力的程度是可以拿**滿分**啦，但也就是很努力而已。」

這話是什麼意思？好像努力只是用來安慰人而已，只是沒人要的安慰獎，還有很多事情遠比你身體力行的努力來得重要。我認為不是這樣。

付出所有的努力，無論是個人或是做為團隊的一份子，都不是安慰獎或是次等的成就。在我看來，它就是頭獎，它才是最高等級的成就，其他的東西，像是名氣與財富、權力與特權、獎盃和獎項，就像打敗對手一樣，只是**努力**的附加產物而已。

你的成功，是由你付出的所有努力來衡量，那才是你真正創造出的成果。也許有些人會瞧不起努力，尤其是當努力換不回勝利的時候。

但我絕不會這樣。我告訴球員，付出所有努力就是成功。

領導力與緊箍咒

只繳出平均標準的成績，對教練來說仍是不及格的。無論是球迷、老闆、大學校友或媒體，這些人總是會對你有太高或是過於熱切的期待。他們都想控制你，試著在你的頭上施加緊箍咒。

於是，這世界上的教練都處於以下三種狀況：「正在找工作」、「最好開始找下一個工作」，和「傳奇教頭！」

如果你是正在找工作的教練，那代表你被炒魷魚了。如果你最好開始找下一個工作，那代表你剛帶隊打出了一個出色的球季，甚至贏得了分區冠軍（雖然也許還是不夠好）。

如果你是第三種，成了傳奇教頭，那通常表示你已經作古了。

所以你不得不同意，教練都是戰戰兢兢地走在鋼索上。無論任何領域的領導者都一樣，扛了這個位子就要扛這個壓力。

給自己的五大要記

一、要快，但不要趕。
二、要勇敢面對你的對手。
三、要尊敬你的對手。
四、要努力工作與縝密規畫。
五、要做好自我分析以求取進步。

當下就要力求完美

就我個人的思路而言，完美是此生難以觸及的境界。然而，你一旦死了，就又是另一回事了。

當你走過墓園，你會看到一塊又一塊的墓碑上寫著某某某是一位**完美**的丈夫或父親、妻子或母親，甚至是一位完美的領導者和教練。

此時我心想：「哲人日已遠，典型在夙昔，現在的我仍無法像他們一樣完美。」

等到我們百年之後，也許我們也會同樣變成完美的人，這麼想或許會讓你好過一點。但在此同時，我們可不能因為有這個想法就停止追求完美。我們仍活著，我們仍有機會在蓋棺論定**之前**，把自己的每一天變成完美的傑作。

能者多勞

我喜歡當個籃球教練，但我生涯中有一些球季自己會特別喜歡帶隊教球，有些球季結束時則會讓我覺得「總算打完了」。聽來也許有點奇怪，但這通常是我們拿下全國冠軍的球季。

因為這些球季很長，（譯注：NCAA全國六十四強賽採單敗淘汰制，打到冠軍賽的球隊賽季相對較長。）而且充滿了各種令人分心的外在干擾和關注，這些我完全不感興趣。所以當這些奪冠球季結束時，我還滿樂的。

但我從來沒有覺得**教球**讓我很累或是無聊。它給我帶來無窮的樂趣。也許這就是為什麼我把「熱情」放進成功金字塔中，並將其與努力工作的重要性相提並論。我從個人經驗中得知，熱愛你的工作會讓你做得更好。

有句老話是這麼說的：「如果你熱愛自己的工作，你這輩子都不用工作。」我不同意這句話，因為即使你熱愛你的工作，你仍會大量地工作，但努力工作會給你帶來深層的滿足，也就是工作本身就會給你帶來滿足。

所以別搞錯了，你仍是在工作。也千萬別被誤導了，光是熱愛你的工作是不夠的，你還是要努力地工作才行。

少點自我，少點自私

一個驕矜自誇的領導者，其行為無異於一個在得分之後，搥打自己胸膛來引人注意的球員。他們都在告訴別人：「一切都是靠我！」

你去聽聽一位好教練在贏球之後所說的話。他會讚美隊上的球員，就好像他們的成功不關他的事一樣。

任何他手下人所犯的錯誤，他會一肩扛起一切責難（至少在公開場合是這樣）。一個無私的領導者總以團隊為先，而團隊常以第一流的表現來回報他。

不要試著把眾人的焦點放在自己身上；別像有些人只是在教堂裡捐個銅板，就大聲地咳嗽引人注意。

這是誰的球隊？

自從我擔任總教練以來，我就避免把我帶的球隊稱之為「我的球隊」，或是把隊上的球員稱為「我的球員」。無論是南灣中央高中，印地安那州立師範學院或是後來的UCLA棕熊隊，我的作法都一樣。

當有人問我：「教練，請問您是怎麼贏下這場比賽的呢？」我會糾正這位記者說：「贏球的人**不是**我，而是球員。是我們全隊打敗了對手。」

這也許只是小地方，但對我很重要，因為我認為一支球隊是由全隊成員所「擁有」的。UCLA棕熊隊不是**我的**球隊，而是我們的球隊。

我是總教練，我只是球隊的一份子，共享球隊的所有權。

最終的評價

我們的評價根基於我們的成就。外界會以不同形式的勝敗紀錄確認你的成就，並決定你是否足以被冠以「成功者」的名號。

但最終能夠真正為個人的成就做出正當評價的人只有一個，那就是你自己。

我當然清楚自己如果無法符合他人的成功標準，達成他們對勝利的要求，我可能就會被開除。但我也相信**我自己**對成就的評價，和**我自己**對成功的定義才是最重要的。

你對自己的評價才是你最終的評價。你得不屈不撓地相信自己的意見才是最重要的。你評價自己的方式，必須是根基於你自己為了達成個人最佳標準而付出的努力，此一評價才是**凌駕一切**，真金不換。

事情背後的真相

許多人關注的焦點都放在UCLA的全國冠軍七連霸和其八十八連勝的紀錄。但在此之前的成就，像是一九六四年及一九六五年的冠軍，卻沒有得到應有的關注。

其實比起七連霸或連勝紀錄，要成就這兩個冠軍也許更為困難。

當年我們的條件不佳，像是設備和練球的場地都無法和後來相比。回首過去，我對於我們球隊成就的一切感到最為自豪。但外界並不了解一位領導者及其組織所經歷過的一切和漫長的努力過程。

這個例子告訴我們，每當提到你自己及球隊的成就時，要對外界的評價抱持懷疑的態度。

我的三大優勢

一、我很注意細節。

二、我很有組織，而且非常擅長時間管理。

三、我不會覺得有壓力，因為我父親教我不要和他人相較，而要以改進自己的努力程度，來做為自我衡量的標準。

我的三大劣勢

一、我必須很努力才能保持耐心。

二、我必須很努力才能控制自己的情緒。

三、我必須很努力才能容忍灰色地帶，而不要凡事都黑白分明。

勇敢做自己

領導者的特質各式各樣，所在多有。你並不需要把別人的模式強加在自己身上。你當然應該見賢思齊，但你也要勇敢做自己。

我極為佩服達拉斯牛仔隊的前總教練湯姆．蘭崔，（譯注：曾創下連續二十九年帶領同一隊紀錄的NFL常勝教頭。）無論做人做事他都有自己的一套。前牛仔隊跑衛華特．蓋瑞森曾被問到他是否看過蘭崔教練的笑容，他說：「我跟了他九年了，從來沒看過。」

這是蘭崔教練的個人風格。笑或不笑和是否成功沒有太大的關係。能有勇氣做你自己；能有智慧做你最好的自己才是關鍵。

態度：最有力的領導工具

執教UCLA期間，有幾年我真的會擔心一些自己無能為力的事情。這是一種自怨自艾的無用態度。

舉例來說，有許多極具天份的新秀因為UCLA學業成績要求太高而無法入學，無法獲得我想要的球員讓我感到生氣。他們後來去了別的學校，為我們的對手打球，甚至在比賽中打敗我們！

我之前也曾經因為學校的場館地板及練球場地狀況不佳而抱怨不已。我並沒有善用既有的資源，反而讓這些事情嚴重干擾了我。煩惱這些有什麼用？一點用也沒有。只是讓我分心、生氣和挫折而已，我努力想成為一個出色教練，但這對我一點**幫助**也沒有。

後來我克服了這樣的情況，一部份的原因是我試著只看事物的積極面。學業成績要求太高讓好球員進不了UCLA？沒關係，反正我想要的球員必須夠聰明，UCLA的學業標準能幫我達成目標。

UCLA的練球設施太老舊？說真的，關於這一點我還真找不出什麼積極面，但我已經可以比較不管它了。

也許你可以從我所犯的錯誤當中學到一個教訓，我因為面對不佳的工作環境而浪費時間在自艾自憐上。

如果我們把時間精力花在我們無法控制的事情上，那我們就無法全力去改變我們**能夠**改變的現狀。但我也知道，說到要比做到容易太多了。

希望你在這麼做的過程當中，能比我更幸運。

伴隨成就而來的逆境

當人們達成了某項成就，然後跟我說：「其實沒那麼難啦！」此時，我通常都很難相信他們真的達成了什麼很高的成就。

以我個人的經驗來說，伴隨著成就而來的就是逆境。這是必須付出的代價。不用付出太多就能達成的目標，通常沒有什麼價值，或者也維持不了多久。它們無法給你帶來更深的個人滿足感。

重大的成就，其代價通常都是艱困的逆境。我們必須願意付出這樣的代價。這麼說也許會讓你好過一點，大多數人都不願意為了成功和極致的競爭力去付出必要的代價。

當你以為自己無所不知，才知道自己有所不知

比爾．華頓

UCLA籃球校隊，一九七二至一九七四年兩屆全國冠軍

在我大四的那一年，也就是一九七四年，我不再聽伍登教練的話了。所有讓我們在大二及大三時成為強隊的一切因素就此煙消雲散。我們終止了八十八連勝紀錄，也止步於當年的最後四強，想要達成八連霸的美夢也隨之破滅。就在全隊崩解之後，教練用筆寫下了他的座右銘給我：「當你以為自己無所不知，才知道自己有所不知。」這如同預言般的人生教訓對我特別受用。現在我把這句話做成桌飾放在我的桌上，教練還親自幫我簽了名。每當我看到這句話時，我的眼前就會浮現出他的樣子，緩緩地搖頭，臉上充滿了傷心和失望，就像一位被辜負的父親一般。

極致競爭力的核對清單

重新看一遍構成成功金字塔的十七項特質。把你缺少的領導力特質給圈起來：

一、勤奮
二、友情
三、忠誠
四、合作
五、熱情
六、自我控制
七、警覺性
八、衝勁
九、專注力
十、狀態
十一、技能
十二、團隊精神

十三、鎮定
十四、自信
十五、極致的競爭力
十六、信念
十七、耐心

不要因為你圈了不少上述的特質就感到失望。我在職涯早期可能也圈得比你還多。

承認自己的不足並不為過，只要我們能做到下一步就好：努力改進，然後消除不利的因素。

24／7全年無休

現今商界常用「24／7」來形容一天二十四小時、一周七天都在工作的人。實際上，有個非常積極上進的年輕球員告訴我，他一年三百六十五天都在工作，所以他是「24／7／365」。

我問他：「你得喝多少咖啡才能全年無休呀？」

別做24／7便利商店

我的訓練方式不像便利商店那樣全年全日、無休無止。我要的只有每天兩個小時，從三點半到五點半的練球時間。在這段時間裡，我要所有人投入全副的精神，絕對要參與我所教授的每一個細節。

然而，一旦練球結束，籃球也就跟著結束了。我要求所有球員在練球之後忘掉籃球，不需要去做重量訓練，或做任何有關籃球的訓練活動。我只要求他們要保持良好的個人習慣，也就是凡事保持節制。

我的訓練方針和其他許多教練不同，他們要求球員無時無刻都要想著籃球，無論場內外都要如此，也就是所謂的24／7全年無休。

我不要這種訓練方式。我要求球員專注在其他的事情上，首要之務就是他們的課業。此外，我也覺得休息很重要，每一個人都需要空檔來重新充電，而不是只抓著籃球不放，然後籃球就變成了每天都要做的家務事。

以我個人來說，在練球前後我當然還要付出額外的時間和精神來準備，但在每天的工作結束之後，我不會把任何有關籃球的工作帶回家。

我摯愛的妻子奈麗就曾說，她從來看不出來我今天的工作狀況怎麼樣，因為我全把它們留在籃球場和辦公室了。

有用的壓力

我從來不給球員贏球的壓力。我給的壓力都是要求他們付出百分百的努力，好企及個人能力的最高水平。但我從來沒有逼他們一定要打敗某個對手。

這是我父親教我的哲學，他說：「努力工作，好好準備；不要擔心你是否比別人優秀；始終試著拿出**你**能做到的最佳表現。」

這樣的哲學不但能消除不必要的壓力，也會讓你要求自己聰明思考、努力準備，以改進你的技巧和表現。如果你和我一樣，認真地看待自己的責任，除了你自己之外，就沒有人能給你更大的壓力了。

這就是有用的壓力，這種壓力最終會帶來極致的競爭力。

讓資訊流暢傳導

華特・哈查德在一九六四年的全國冠軍隊上扮演了關鍵的角色。他的隊友很愛傳球給他，而且傳球時毫不猶豫。為什麼？因為他們都知道華特會毫不猶豫地回傳給他們。他是一個打球**無私**的球員，即使他和其他絕大多數的球員一樣，都有強烈的持球欲望。

華特最有價值的一點，就在於他想要讓球像資訊一般流暢地傳導。

他之所以能這麼常接到隊友的傳球，就是因為他大量地分享籃球。我可以很肯定地說，擁有像華特・哈查德這樣的球員，就是球隊能否經常贏球的關鍵因素。

只想著今天

給全隊的季前信

一九六八年

過去的歷史不能改變將來。你每一天所做的工作才是為將來做準備的唯一途徑。你無能改變過去，你只能用今天的行動去影響未來。

專注在當下

你必須讓你的組織專注在當下，只想著今天，而不是流連在過去或是空想著未來。每一個團隊成員必須真的了解今天不起眼的努力，決定了明天了不起的成就。過去只是個參考；未來留給只會做夢的人；唯有當下才是你創造成功的時刻。

放手吧！

領導一個團隊會為你招來敵人。敵人會在你心裡產生敵意、憤怒，甚至憎恨。如果你容許這些情緒長駐在你的心裡，那你就是自找麻煩，自尋毀滅。

不要有報復的心理。它會占據你心靈的空間；它會浪費你生命的時間；它會卡住你腦袋的區間。要恨就讓別人去恨吧！別讓自己因此而受到傷害。

謹記德蕾莎修女所說的話：「原諒心，帶來自由心。」

五大領導者心訣

一、逆境能幫你更容易在競爭中勝出。

二、讓個人目標與團隊目標無縫接軌，就是你的目標。

三、有價值的目標不只需要時間和耐心，也需要相信一切終將成真。

四、你不完美，世人亦然。

五、計畫天衣無縫，不去努力實踐一樣無用。

當給了一切都還不夠的時候

很多年以前，NFL華盛頓紅人隊的老闆艾佛瑞・伯奈特・威廉斯請來喬治・艾倫擔任總教練。他對這位新任總教練說：「喬治，不惜一切代價也要為我們拿下超級盃。我給你的預算**沒有上限**。」

的。

兩個月之後，故事的發展是喬治超過了預算上限。這個故事不是真的，但它點出了一個重點：不管你給某些人多少資源都是不夠的。給他們更多時間？更多預算？更多人員？有些人就是會全部拿走，然後告訴你還不夠。

你必須在夠了的時候踩煞車。

找出最佳方法

給全隊的季前信

一九七五年

我和你們說過了，一個領導者真正感興趣的事情不是一切都要照他／她的方式來做，而是找出成功的最佳方法。我希望自己也一樣。我們必須齊心努力來發揮我們的潛力，如果沒做到這一點，就是某種程度的失敗。

你的講壇

領導一個團隊，會自動讓你被送上講壇。眾人期待你能站上去說話，告訴他們答案，告訴他們解決之道，告訴他們你的決定，告訴他們更多更多。

就因為領導力有此一特質，所以很容易讓你變得滔滔不絕，總是說個不停。也許你最重要的工作不是說，而是**聆聽**，還有學習。當你在講壇上長篇大論時，你完全沒有在聆聽，也沒有在觀察，更沒有在學習。你不是在試著找出最佳的方法，你只是堅持用你自己的方法而已。

不要自欺欺人了。那個講壇不過就是個好看的肥皂箱罷了。任何一個傻蛋都可以站在一個肥皂箱上開始高談闊論。如果你花了太多時間在這個小小的肥皂箱上，很快的就會有人走過去把你踢下來。

專注、聆聽、學習。不要死命抱著你的講壇不放。

別理那些假權威

我從UCLA退休之後，許多繼任的總教練都受到了不公平的批評與比較。這些批評的言論，都是在想辦法證明新任總教練沒有照著我的方法來帶領球隊，說的好像「我的方法」就是唯一正解。

曾有一位新任的UCLA總教練覺得他應該釋出善意，為媒體朋友舉辦招待會，在會中介紹自己，也藉機會認識大家。他是出色的一流教練，在會中也準備了各式有酒精和非酒精性的飲料。這是再正常也不過的安排，招待會也辦得很成功。

結果，隔天當地報紙登出來，我們的新教練居然因此被罵了。這位記者批評他不該舉辦雞尾酒派對，「要是換成之前的伍登教練，他連雞尾酒派對都不會去參加。」

這樣的比較是不公平而且很有傷害性的。但批評者就是這樣，尤其是當你因為擁有領導權而成為明顯的目標時，他們常將自己武斷的標準強加在你身上。

你需要內心夠強大才能忽略這種事，你得向前走，不要被影響。有時候，這些批評真的令人無法吞忍。

這就是做這一行的宿命，或許這麼說會讓你好過一點。

一直問同樣的問題

剛開始執教時，我是一個差勁的領導者，因為我以為自己知道所有的答案。我的領導能力之所以有所改進，絕大部份是因為我開始願意問問題。

這是我問過最重要的一道問題：「我該如何幫助我們的球隊變得更好？」當我一想出什麼的時候，我就馬上去做。一切就這麼簡單。

一個優秀的領導者總是一直在問同一個問題，因為你**永遠**可以做得更多，永遠都有改進的空間，這是不會變的。

當這個問題你已經問你自己一百遍了之後，再問自己第一〇一遍：「我該如何幫助我們的球隊變得更好？」

一個有能力的領導者總是能找到新的答案，找到更好的方法，找到更有效的解決辦法。但你必須一直問同樣的問題：「我該如何幫助我們的球隊變得更好？」

以他人為先

我對林肯總統和德蕾莎修女懷有極高的崇敬。雖然他們兩人各自不同，但都能以他人為先。

我們都知道林肯總統是一位強勢而能幹的領導者，但我們常忘了德蕾莎修女也同樣創建了一支強大的團隊，也就是「博濟會」，幫助了印度加爾各答和全球的貧苦人民。

德蕾莎修女和林肯總統都有一個領導技巧可以讓我們應用：無私、以他人為先。這是一項極具威力的領導資產。

領導力的藝術

威爾菲德．派特森先生在其著作《領導力的藝術》中，列出了幾項有關領導力的重要規則。我將之摘述如下：

一、領導者對人們有信心。他相信也信賴他們，所以能夠將他們最好的一面帶出來。

二、領導者能看透他的追隨者。

三、領導者不會說：「趕快走呀！」他會說的是：「我們走吧！」然後帶頭前進。

四、領導者不只用腦，也用心。當他用腦子思索完所有的事實之後，他會讓他的心也看一眼。

五、領導者會有幽默感。他也會有一顆謙虛的心，能自我解嘲。

六、領導者不只是個思考派，也是個行動派。

我會把派特森先生的領導訣竅摘要如下：一個好的領導者擁有人性和幽默，擁有衝勁和同情心，擁有觀點和常識，也對他所領導的人有信心。

這些特質你擁有了哪些呢？

我的成長曲線

「天鉤」賈霸和比爾．華頓是我帶過最知名的兩名球員。他們為UCLA效力的時候，總計拿下了五座全國冠軍，通算拿下一百七十四勝六敗的成績（路易斯是一九六七、一九六八和一九六九年；比爾則是一九七二、一九七三和一九七四年）。

ＵＣＬＡ棕熊隊在這些年的表現會如此輝煌，部份的原因是我已經成為一個成熟的教練。我變得比較擅長與人合作，也更了解人性。

路易斯先加入了ＵＣＬＡ。他在一九六七年時加入校隊，他是一個團隊絕對至上的球員，無私而且樂於分享，也是一位完美成熟的競爭者。兩年後，比爾・華頓也加入了ＵＣＬＡ。比爾同樣擁有路易斯的特質，但兩人在其他很多地方都大相逕庭。

路易斯並不是個內向的人，但他也不外向；比爾則是完全相反。路易斯從來不會挑戰我所說的話；比爾則是不斷地測試我的底線。路易斯性素不喜對抗；比爾則是喜歡挑戰權威。

在生涯的早期，我無法接受比爾這種「踩底線」、挑戰我權威的行為。我會覺得這是衝著我來的，我的反應也會很糟糕。（當年我在教丹頓高中美式足球隊的時候，有個球員就挑戰我的權威，不服從我的命令進行練習，我當場就把他打到趴下。）

如果不是我當時已經找到更好的領導技巧的話，比爾和我是沒有辦法共事的。幸好，當我遇到他的時候，我已經改善了我對人性的了解以及與人共事的方式。

如果我當時的領導能力不足以讓我有效率地和比爾·華頓這樣有天份的球員共事的話，那就真的太可惜了。

我不再把贏球掛在嘴上了

格藍·寇提斯是我在印地安那州馬丁斯維爾高中打球時的籃球教練，他是一位傑出的籃球老師。他也是一位改變球隊的大師。在我們上場比賽之前，他不斷灌輸我們「贏球」的觀念，讓我們牢記勝利和**打倒**對手的必要性。他甚至還唸詩來激勵我們的求勝心。

後來我上了普度大學，「小豬」教練沃德·蘭伯特也一直在講「贏球」這件事，但沒有像寇提斯教練那麼誇張。有時候，他確實會和我們說：「給我上場去把比賽給贏下來！」但這不是他常說的口頭禪。

在我開始當教練之後，我多多少少是照著蘭伯特教練的典範在帶隊。當我鼓勵球隊求「勝」之時，雖然不會在每一場比賽之前都對他們一再耳提面命，但偶爾也會和球員說：「現在給我上場去打倒這些傢伙！」

但在我教了三四年之後，我發現我再也不想要用這種方式來帶隊了。我的態度是一點一滴地轉變的。也許是因為我感覺到這種方式和我的信仰有所衝突，我居然把贏球的重要性置於努力之上，最後的比數變成了我最重要的東西，也讓我帶的球員覺得比數真的最重要。

因此，我開始改為灌輸球員另一種觀念：「上場去盡其所能地發揮。」這個觀念後來發展成：「當你在賽後走回休息室的時候，要確保你依舊能抬頭挺胸。」我要球員了解：只要你能管好自己，發揮百分百或接近滿分的實力，勝利自會到手。

在我執教生涯的最後三十年裡，我相信你找不到任何一位我帶過的球員曾經聽到我把贏球掛在嘴上，或是訓誡全隊要打敗對手。

當我改變我的態度之後，我想我就不曾再提到「贏球」二字了。

做好準備，贏球將只是附屬產品

麥克・華倫
UCLA校隊
一九六六至一九六八年

當說到要打敗特定對手的時候，我從來沒聽他提過贏球二字。他會說：「我希望每一場比賽都獲勝，但這是不切實際的。我們要在比賽中發揮出我們最佳的實力，這才是有可能做到的。當你們的生理與心理都做好了準備時，贏球只是附屬產品而已。」

領導者的百寶箱

一、對於你所帶領的人，你要在心中保持禮貌和敬意。
二、要和大家一起笑，而不是嘲笑大家。
三、樂觀和熱情的威力，遠比諷刺和憤世嫉俗來得大。

四、對於那些不常受到稱讚的人，你要找機會給他們真誠的讚美。

克服對犯錯的恐懼

一個領導者多半都擅長建立一個人的信心，而不善於摧毀他們的信心。我跟球員說，一個打擊率高達四成的棒球打者，其實有超過一半以上的機率打不出安打；一個打擊率三成的打者也經常打不到球。但總教練會毫不猶豫地派一個平均打擊率三成三三的打者上場，而他每上場三次才會成功一次。

我要我們的球員了解，我不完美，他們也一樣。錯誤是高水準表現的一部份。只要你做了適當的準備，就不用害怕犯錯。

掌控自己的心

我不會讓負面的想法進入我的腦袋。但我也同樣對於正面的想法保持安全距離，不設想我們會贏得全國冠軍。

我很清楚某幾年很有可能拿下全國冠軍，但我不會老想著這件事。我想的都是如何為球員做好準備，教導他們該如何發揮個人最強的潛力，從而讓他們處於爭冠的有利位置。

相對地，我要他們只想著如何學好我教給他們的東西。教與學占據了我們全部的思緒，而不是我們是否會拿下獎盃。

我們從來只會看著手中的籃球，而不會把注意力浪費在一顆名叫「未知」的水晶球上。

關鍵的差異

每一個有經驗的教練，對於比賽的專業知識其實都有一定程度的了解。他們之間最大的差異，在於他們帶動球員以及教球的能力。

我相信大多數組織的領導者也一樣。知識並不足以帶來期望的結果。你必須擁有一種難以形容的帶動力及教學力，這也是領導力的優劣分野。

如果你不會教也帶不動人，你怎麼當一個領導人？

領導力的三要

一、要慢給批評，快給讚美。

二、要把注意力放在你能為別人做什麼，而不是別人能為你做什麼。

三、要把注意力放在超前，而不是打平。

沉著的好處

我在板凳席上的自制力逐年改善。以前的我，可能不時會在場邊把比賽的節目單捲成大聲公，放在嘴巴上對裁判大喊：「不要偏袒主隊！」或是「吹哨要公平一點！」大部份的時候我都把自己控制的很好。

我認為在比賽中保持沉著很重要，其理由很簡單：情緒化的行為，像是暴跳如雷、大喊大叫，和狂跺地板，都在讓球隊知道我已經失控了。

如果負責主導一切的領導者失控了，這時你的球隊該何去何從？

他們也會跟著失控，在你失控的時候，所有人都會失去控制。

勝不驕，敗不餒

連恩・夏克佛

UCLA校隊，一九六七至一九六九年三屆全國冠軍

他總是告訴我們，賽後走出休息室的時候，不能讓任何人從我們的臉上看出比賽的結果。無論勝負結果，教練要我們始終控制自己的情緒。

領導者的妄想症

瘋狂的兩大徵兆是自大妄想症和被害妄想症。只要你擔任領導者一段時間之後，就會開始出現這兩種症狀。

你會被這兩種妄想症折磨是很正常的，因為你正經歷著領導過程中常見的劇烈起伏。

然而，如果幾天之後你還是有這些妄想的話，那就表示你有麻煩了。

領導力綱領

一、不要加諸太多的規則在你的團隊身上，不然他們都會變成活死人。

二、不要忽略小細節。

三、教他們要尊重所有人，但要不怕任何人。

四、要讓球隊只有一個，不要分正規球員和替補球員。沒人會喜歡當個「板凳球員」。

禱告

我從未向上帝祈求勝利，希望祂保祐我們拿下全國冠軍，也沒有在禱告中提到UCLA會創紀錄或是贏得比賽。

我的想法是，上帝有更重要的事情要忙。我們能夠發揮多少潛力還是只能靠我們自己，不假他人。

有個小故事是這麼說的：有個英國人走在鵝卵石步道上，看到一間小別墅旁緊臨著一座美麗的花園。

這位英國人讚歎地停下了腳步，對著那位正跪在地下用手拔雜草的園丁說：「先生，上帝真是賜給了你一座好美的花園啊！」那位園丁答道：「那你真該看看之前上帝把這座花園照顧成什麼樣子。」

不管上帝賜給了我們什麼天賦，我們還是必須要彎下腰，動手去幹活。只要靠我們自己努力，才能造就一座美麗的花園。

有信仰的男人

我的基督教信仰給了我很大的力量。我相信有信仰的人——不單指我的信仰——都會擁有真實而強大的力量，讓他們得以依靠。

這也就是為什麼我鼓勵我的手下人要相信一件事，也就是能夠為他們帶來內在力量的信念：「我不會干涉你選擇了什麼樣的宗教信仰，但我認為相信**某些事**會讓你個人變得更好。」

「天鉤」賈霸決定成為穆斯林，他是在經過深思熟慮及研究之後才這麼做的。

他的決定不會讓我感到困擾。他仍是一位穆斯林，多年來他的信仰為他帶來力量，正如我的基督教信仰之於我一樣。

有時候，我很好奇那些什麼也不相信的人是怎麼過活的。

別當個大氣球

健康的自我是領導力的資產之一。自我膨脹則是領導力的負債之一。通常你很難察覺你的自我是何時開始從健康的自尊狀態，轉變成不健康的自我中心和自大傲慢。

一旦你變了，你就會開始把所有人關在外頭。不願再聆聽別人的意見，你只會滔滔不絕地自說自話。許多具有創造力的人與你共處一室，但你就像一顆愈吹愈大的熱氣球，占去了愈來愈多的空間。

最終這個房間將容不下任何人。每個人都會被迫離開，或是迫不及待想要離開。

內在的自信

我從來不怕丟工作，四十年的教練生涯中，我不曾害怕自己會被開除。無論在肯塔基丹頓高中、南灣中央高中、印地安那州立師範學院，或是UCLA都一樣。

原因有幾個。第一，我有信心能擔任教練和英文老師。如果學校裡有主管或是校董會不這麼認為，我相信我可以在別的地方找到工作。

第二，我從來不讓自己過著難以負擔的奢華生活。我也不會要求過高的薪酬，讓自己變得「難以負擔」。

所以，在教練這個充滿高度不確定性的行業中，我很確定一件事：學校裡沒有任何一位高層體育主管或校董會成員能讓我活在被開除的恐懼裡。他們知道我一點也不怕會被開除。

你也可以檢測一下自己是否對你的工作也有同樣的自信心。如果你有內在的自信，那就是你力量和沉著的有力來源，它終將使你變成更好的領導者，你對不適當的壓力也有了免疫力。

向自己保證

一、我保證要讓自己變強，不受任何事物干擾到我內心的平靜。

二、我保證我會對別人的成功充滿狂熱，就如同我追求自己的成功一樣。

三、我保證胸懷要寬到無所憂慮，態度要高到無所憤慨，膽子要大到無所畏懼，心情要樂到無所罣礙。

不要作弊

如果你做了以下的事情，你就是作弊，就是騙了人：當個懶惰的領導者；不願意付錢去參加講座、會議，和研討會；沒有盡力閱讀所有可用的資料；不透過所有管道去取得資訊；沒有好好分析你的手下人和你自己，然後依照分析的結果去管理你自己和他們。

你領了薪水，卻沒有做到你該做的事。沒有別人會知道這件事，因為在最終的分析之中，只有你能夠揭發你自己。

即使如此，你的行為仍與作弊無異。因為你沒有盡你所能地去做好你的工作。

八個為什麼？

- 為什麼罵人要比讚美來得容易？
- 為什麼明知道面對逆境會讓我們變得更強壯，我們還要害怕它？
- 為什麼我們這麼難以接受球隊是**與**我們共事，而不是為我們做事？
- 為什麼說要比聽來得容易？
- 為什麼我們常常忘記聚沙成塔的道理，偉大的事物只能藉由一個又一個完美的小細節才得以完成？
- 為什麼我們不去努力尋找最佳的方法，而只想堅持自己的作法？
- 為什麼當一個批評者要比當一個良好的模範來得容易？
- 為什麼我們可以這麼快就看出別人所犯的錯，卻常常看不到自己的錯？

別製造不必要的混亂

我不覺得針對我們的對手展開情蒐是件好事，因為它是很負面的作法。（我當然覺得我應該要對下一場比賽先有**概括性**的了解，像是對方教練的背景如何。）我們的球員手中已經掌握足夠的能力來讓我的系統更完美。如果我還拿一些比賽會如何變化及如何因應的小事去干擾他們的話，他們就會變得無所適從。這只會製造混亂而已。

反過來，讓對手來想辦法搞懂你。讓你的對手去處理這一團混亂吧！

我情蒐最力的那支球隊

雖然我幾乎不對其他球隊做任何情蒐分析工作，但我對我們自己的球隊倒是每年至少安排三次的仔細分析。

有時你不能只是見林不見樹，藉由外在的中立機構提供建設性的批評，也就是從外人的眼中來看你的組織將會很有益處。

也許我說自己不對任何球隊做情蒐分析工作是有點誤導。因為賽程表上我只會對一支最重要的球隊進行情蒐，那就是ＵＣＬＡ。

你要用什麼評量工具來情蒐分析你的組織呢？你要記得，情蒐你的球隊只是另一種針對你本身領導力的情蒐分析方式而已。

激情的奴隸

激情被認為是成功及偉大成就的先決條件。我不是要說些模稜兩可的話，但我把激情看做是情緒上的劇烈變動，既無法控制也壓抑不了。

有些人會辯稱你在戀愛時感受到的激情是很美好的。有些人則會否認自己在激情的狀態下常是不理性的。

不理性該如何帶來穩定的成功？（當然戀愛也許是個例外）

長期來看，激情是無法持久的。籃球場上的成功則是一個長期的過程，雖然一場籃球比賽只有六十分鐘。

因此，我從來不給激動的賽前演說，我從來不去喚起球員想要「打贏這場球」

或是「打倒這個對手」的渴望。我也從來不會煽風點火，讓球員情緒高張地上場。我不要他們熱血沸騰地跳上跳下。我要他們氣勢洶洶，專心致志，而且穩定自持。

如果這些態度能和天賦及良好的訓練結合在一起的話，你會發現你領導的團隊可以在最高的水準上與人競爭並且占盡優勢。

如果你是激情的奴隸，這一切都不會發生，因為激情只是一閃即逝的火花。

我想知道的為什麼

一、為什麼有這麼多人會想要藉由破壞自己的優勢來創造自己的劣勢？

二、為什麼有這麼多人不明白你不能同時帶給人正反面的影響？

三、為什麼我們這麼久才領悟到沒準備好就等於準備好失敗？

四、為什麼我們這麼容易抱怨我們沒有的東西，卻不去利用及珍惜我們既有的東西？

五、為什麼我們這麼常讓情緒越過理性，進而控制我們的決定？

贏球的產物

這句話是真的：勝利會帶來更多勝利。但人們常忘了說勝利也會帶來自滿。根據我的觀察，贏球最常帶來的產物就是自滿。

領導者的宿命

領導者的成功宿命會問：「我們可以怎麼再改進？」

領導者的失敗宿命會說：「我們永遠就是這樣幹！」

你的宿命是哪一個？

——佚名

上去了就不要下來

保持巔峰是非常困難的，但沒有比登峰造極來得困難。我相信這是真的。有部份的原因是你這一路上學到了很多東西。如果你堅持到底，克服一切，當你達到主宰的地位時，你已經累積了大量的知識和經驗。

此外，你登上頂峰之後帶來的矚目度，會為你的組織吸引更多更優秀的人才。頂尖的人才加上領導經驗及知識就能打出一手好牌。當你身處頂峰，你就會經常拿到這手好牌。

當然，每一個人都會把你當做超越的目標，但我寧願被人當成目標，也不要反過來。

保持巔峰要比登峰造極來得困難。然而，大多數的領導者並不知道這一點，因為他們遠在登頂之前就已經放棄嘗試了。

他人的期待

通常我家鄉的朋友來洛杉磯拜訪我時，都會想要看看電影明星住的地方。但有一次，有個朋友從印地安那州摩斯維爾來加州找我，他提出了一個與眾不同的要求。他說：「約翰，你可以載我出去看看太平洋嗎？我從沒看過大海。」

我開車載著他來到海崖邊，讓他可以俯瞰晴空之下的太平洋。我的朋友下了車，走到斷崖邊，然後沉默地呆立良久。他用手扶著腰，直勾勾地盯著那一望無垠的波光瀲灩。

終於，他轉過頭對我說：「約翰，太平洋沒有我想像中來得大耶！」我對他的反應啞然失笑，於是我問他：「那你想看看吉米．史都華住在哪裡嗎？」（譯注：美國傳奇影星，曾被美國電影學會選為百年最佳演員第三名。）

當我們走回車上，在開走之前我轉過頭再看了一眼太平洋。我也許錯了，但太平洋似乎一點也不在意它無法滿足我朋友的期待。

這個小故事告訴我們，活在別人的期待中是多麼愚蠢的一件事。

下一次當你盡你所能地做到最好，但卻還是有人對你不滿意的時候，想想太平洋吧！它也同樣沒能滿足某些人的期待啊。

「你讓我們失望了，教練」

一九七五年UCLA奪下了九年內的第八個全國冠軍。（就在前一年，一九七四年，UCLA在最後四強戰的二度延長賽中輸給了北卡羅萊納州大。在那場敗仗之前，UCLA棕熊隊已經拿下七連霸。）

當一九七五年賽季結束的哨音響起，一名UCLA的球迷跑進場中大叫：「恭喜你，教練！你去年讓我們失望了，但我們今年討回來了！」

我讓他失望了，我沒能達成他的期待，因為我去年沒能贏得NCAA全國冠軍八連霸。

這位UCLA的球迷就像我那位來自印地安那的朋友一樣，他對於太平洋的期待已經超出合理的範圍了。

五大分享好物

一、分享工作。

二、分享功勞。

三、分享熱情。

四、分享資訊。

五、分享愛、關懷和關心。

沒有無所不知的領導者

在南灣中央高中執教的前幾個球季，我要求球員照我的菜單在家裡吃飽了再來球場比賽：一份青菜、一小塊牛排、水和一些果凍。我的目的是要確保他們有吃東西，讓他們有足夠的力氣打球，但又不會對他們的腸胃造成不好的影響。我不要他們因為賽前吃錯東西而造成消化不良或是變得疲勞。

後來我發現有一名球員從來沒有照我的吩咐吃東西。他是我們隊上最精力旺盛的球員。

他不遵照我的指示，我很不高興地問他：「你**到底**在賽前吃了什麼東西？」他低頭看著地板很羞澀地回答：「教練，我吃了很多紅辣椒和豆子，也喝了很多牛奶。我們家只吃得起這些東西。」

他在賽前吃的紅辣椒、豆子和牛奶一樣讓他精力旺盛。他的故事提醒了我，我並非無所不知，也不是什麼都有答案。

這也是多數領導者需要時不時地提醒自己的事。

擁有好人生

財富並不一定會帶來真正的幸福。它也許可以買到東西，帶來短暫的幸福，但它們都不會持久。

有時我們太專注於賺錢維生，而忘記要創造幸福的人生。當我們脫軌跑去追求名利，或是其他成功的虛假陷阱時，很多家庭就因此破碎了。

我們必須賺錢維生，但我們也必須和我們的家庭一同擁有美好人生。當我們開始追逐金錢及伴隨而來的名氣及權力時，我們很容易迷失自己。

我最後一年擔任UCLA籃球隊總教練的年薪是三萬兩千五百元。你可能不同意，但我真的覺得我很富有。我能賺錢維生，也能擁有美好人生。

成功的陷阱

我開的是一九八九年出廠的福特汽車。它很好開。我買了這台車之後，洛杉磯各地的車商都想免費提供給我更拉風的車子開。我不用付一毛錢，只需要開著它就算是為這台車代言了。但最後我很有禮貌地回絕了所有的邀請。

拉風的東西，無論是車子或是其他事物，對我都沒有太大的意義。也許這是因為我在印地安那長大，我們身邊的人們都是在自己的農場上努力工作，只要能養家活口、有棟房子，再讓孩子受點教育，他們就會很滿足了。我們家也是一樣。

我們努力工作，即使我們沒有一大堆物質的享受，但我們擁有非常好的人生。

不知為什麼，我始終抱持著這樣的想法。我對奢華的生活或是所有成功的陷阱都沒有興趣。我親愛的妻子奈麗也和我有一樣的想法。

生活裡沒有這些名利權力一樣可以很好。也許，這樣更好！

如何愚弄一萬人

籃球是最棒的觀賞性運動。在所有運動中，它的球是最大顆的，場館是最小的，觀眾則是最靠近的。也因為他們如此靠近，所以很多觀眾覺得他們知道的是最多的，他們也會想辦法讓你知道這一點。

阿柏·雷蒙是一位籃球教練，就像我們所有人一樣，坐在樓上最遠的觀眾席上，有著一大堆的建議和意見。他有一次和我說：「約翰，當你喊了暫停集合全隊的時候，至少動一下你的嘴巴給觀眾看。這樣他們會覺得你在做出一些很了不起的指示。」

阿柏說的話，雖不中亦不遠矣。有時你只要動動嘴就能騙過上層看台的觀眾。然而，我個人的經驗是如果你的嘴在動，你最好是在說話，而你說的話最好值得別人聆聽。

適應力

我的領導風格原本非常僵化——規矩、規定和罰則。這樣的風格迫使我忽略人性，忽略情有可原的狀況，也忽略複雜的可能性。一個好的領導者不該忽略這些事情。

後來我開始納入其他領導者經常忽略的東西：常識。

我放棄了很多我原先使用的規矩和規定，而改用常識和良好的判斷力來帶領球隊，此舉並未削弱我的權威，反而強化了我的威信。

如何給別人力量

我不過比人虛長了幾歲，有時會讓人們誤以為我有更多的人生智慧。我常被問道：「我們周遭充斥著道德敗壞的行為和現象，像是企業舞弊、政治醜聞、運動比賽造假等等，究竟我們該怎麼辦？」如果我知道答案，我就發了。

我只知道我們每個人都有行為自主權，也應該要能控制自己；我們選擇了我們願意遵行的原則，以及不願服膺的準則。

我們如何避免別人去做壞事？也許我們應該先妥善地管好自己，就像經營一間誠實的商店一樣，然後去對他人產生最大的影響。

耶穌是世上最偉大的導師，他以身作則來教育大家。雖然他對我們說過的話，流傳千年之後依舊重要，但他的行為典範對我的影響力更為深遠。

面對別人的行為脫序和道德敗壞，我們該怎麼辦？誠實做自己就好。別人都會看在眼裡。做你該做的事。

你會因為自己變得堅強而給別人力量。

誠實的輸家

不擇手段去贏球的人，就和銀行搶匪沒兩樣。兩者都是賊。

以不當的手段去獲得的利益，無論是錢或是勝利都是一樣。兩者都是贓物。

我寧可做個誠實的輸家，也不要變成不誠實的「贏家」；我寧可賺取誠實的小錢，也不願獲得不正當的財富。

當你破壞了該有的遊戲規則，你就什麼也贏不到了。

人格要比誠實更重要

即使你以誠實自守，但很可能你的人格依然有失。怎麼會這樣呢？舉例來說，你可以很誠實地當個自私的人，很誠實地不去遵守紀律，很誠實但是反覆無常，很誠實地看輕別人，很誠實地當個懶鬼。

對領導者來說，誠實是重要的第一步，但你不能就此停在那裡。除了誠實之外，你還必須進一步建立自己的人格。

沒辦法解決的時候

領導者有時會做出正確的事，但仍會造成錯誤的結果。在一九六八年UCLA對上休士頓大學的「世紀之戰」*中，我把艾加．雷西換下場，因為我們對於如何防守對手頭號球星埃爾文．海耶斯有所歧見。

隨後我決定要把艾加重新換上場，但當我看向他時，他坐在板凳區的最尾端。在我看來，他對於場上發生什麼事幾乎完全沒興趣，就好像他根本不想打，或是不在乎這場比賽。

看到他這樣，我改變主意，並讓他坐板凳到終場。

後來 記者問我為什麼做出這樣的決定，我告訴他們我所看到的事情：「艾加給我的感覺是他不想打。」

事實上，艾加**真的**想要打。他只是看起來不想打而已。很不幸地，在戰情激烈的當下我並沒有辦法知道這件事。

當我們回到UCLA，艾加跑到我的辦公室，要我告訴記者說我錯了。我無法這麼做，因為我和他們說的是實話，也就是在我看來艾加並不想打。

我很遺憾他很生氣，而我也理解他為何不高興，但我不會收回我所說出去的話。我所說的就是我所看到的，那是一個誠實的評述。

很不幸地，因為我不肯收回此一評述及公開道歉，艾加從此退隊。如果我早知道會發生這種事，我絕對不會回答那位記者的問題。但我當時也無從得知我的答案會造成什麼結果。

有時候沒有任何解決的方法，只有必須去承擔的後果。

把你的資產最大化

我很不喜歡被自己無法控制的事情給左右。也許這就是為什麼我對於自己能控制的事情有著近乎盲目的完美要求。把自己能掌控的事情做到完美，此一概念深植在我的競爭心法之中。以下是個簡單的例子。

想打籃球，身高不到六呎的我個頭不夠高大，但我的速度很快。我知道我無法改變我的身材劣勢，所以我全力改進我擁有唯一的資產：速度。

我盡可能地讓自己處在最佳狀態，這樣到了比賽後半段當大家都累了而慢下來的時候，我的速度依然很快。籃球比賽常常都是在最後關頭決勝負。

＊譯注：一九六八年這場被美國媒體稱為「世紀之戰」的比賽，是史上第一場全國直播的大學籃球賽。當時在史上第一座巨蛋球場，也是休士頓太空人隊主場太空人巨蛋舉行，共有超過五萬人在現場觀戰。結果海耶斯拿下三十九分，率領休士頓大學以兩分之差，力克由賈霸領軍的UCLA，也讓他獲選為年度最佳大學籃球員。至於雷西當年在負氣離開UCLA之後，不僅錯過了當年的全國冠軍，也只在ABA打了一年職業球隊之後就退休。二〇〇八年，伍登教練在受訪時對自己當年所說的話道歉。二〇一一年，雷西在伍登教練辭世的隔年去世。

為了處在最佳狀態，我能做的事都做了。我隨時讓我的腳保持最好的狀況。我會在腳上塗上一層保護液，然後撲上足粉來強化雙腳。我會穿兩雙襪子，薄襪穿在裡面，然後再套上一層厚襪。在小心地穿上襪子之後，我會以正確的方式綁好鞋帶。

簡單來說，我把自己的資產最大化，而把負債最小化。我處在高檔狀態，仔細確認我的裝備不會扯我後腿，而且讓我的雙腳更強壯。

任何與球賽有關的小細節，只要是我能控制的，我都會用同樣的心態去做到最完美。

在我從球員變成教練之後，我也學著如法炮製。對於我們可以控制的所有事情，我都非常努力地做到完美；至於那些我無力改變的事情，我則會努力不在上面浪費任何時間。

冷門球隊更有趣

當你被認為是支冷門球隊的時候，一切會變得非常有趣。因為你的比賽目標是

「想要贏」。當你是支超級大熱門的時候，你比賽的目標就變成「不能輸」。當你想要贏的時候，比賽當然有趣多了。

當你被認為是支冷門球隊的時候，不要覺得難過。把握這個機會，想辦法「爆冷獲勝」。

你得為後人留下資產

是否能為後繼者留下足夠的資產，對我來說非常重要。一九七五年當我決定退休的時候，我知道留隊的現有球員以及即將加入的新血都非常優秀，像是大衛・格林伍、洛伊・漢米爾頓、布萊德・荷蘭、和奇奇・凡登衛都是一時之選。（譯注：以上四名球員畢業後全數加入NBA。）

當時我心裡明白UCLA在我退休之後的三年內應該仍然有能力爭奪冠軍，而且可以一直吸引頂尖新秀入學。果然我是對的。事實上，不只三年，在我退休之後，UCLA連續四年拿下所屬聯盟的冠軍。

我相信做為一個領導者，應該盡可能地為球隊的未來鋪路。因為在你離開之後的球隊表現，也代表了你在位時的工作績效。

一位正直的領導者絕對不能掏空了球隊資產之後，就拍拍屁股走人。

過去，現在，和未來

最近有個年輕小伙子問我：「伍登先生，你會不會怕死啊？」聽到這個問題，我不禁失笑。因為我是一九一〇年生的，以我的年紀，問我這樣的問題似乎有點敏感。但我完全不這麼覺得。

我和他說：「不會，我不會怕死，因為上帝已經賜給我非常圓滿的人生：我擁有美好的家庭，尤其是我的妻子奈麗；我很滿足我的執教生涯；除了因為打籃球而傷了膝蓋之後，我的身體還算硬朗。這麼多年來，我已經獲得太多太多了。」

「但我不怕死的原因還有一個，因為我知道死後我會在那裡和奈麗重逢。當我回顧一生只有感謝，而看向彼岸又有期待時，死亡又有何懼？只是我雖然不怕死，但我也不會急著找死就是了。」（譯注：伍登教練最後以九十九歲高齡辭世。）

人生的總結

也許你會覺得很奇怪，一本通篇都在講領導力的書，為什麼要用生命和死亡的反思來做結。不過，我對那位年輕小伙子所說的話都和領導力有關。這些話總結了我的人生，是我目前為止的人生總評，對於生命的盡頭我也能從容以對。

我已經蒙受太多福澤，而其中最大的福報就是我能扮演我喜歡的專業角色：老師、教練，和領導者。

幸福

「如果你今天未曾為別人做一件好事，那你今天就失去了活著的價值。」德蕾莎修女寫下了這句話，我相信這句話是真的。

其實，我個人的經驗也一樣，當我為別人做了一件好事，尤其是當我不求回報時，內心會帶來極大的平靜及歡喜。即使你只是期待別人和你說一聲謝謝，也會降低助人的歡喜。至少我是這樣。

想要為別人做好事有非常多種方式。教學就是其中一種。而做為領導者的好處之一，就是你有很大的能力為很多人做好事。

也許這就是為什麼擔任教練反而能讓幸福一直來敲我的門。它讓我有機會能幫助他人，不管是在球場上，或是在生活中。

我很珍惜這個機會，讓我能成為老師、領導者和教練。領導力是一種信賴，我認為是一種神聖的信賴。

好好地做，你就會找到幸福，體驗到我所說的內心平靜，並且找到真正的歡喜境界。

我完美的一天

如果我能回到過去，重新走過我運動生涯中的任何一天，我的選擇可能會讓你感到意外。

我的選擇不是我們馬丁斯維爾高中籃球隊在一九二七年奪下印地安那州冠軍的那一天，也不是我在普度大學打球的那幾年，更不是我在印地安那州立師範學院或是UCLA執教的日子。

如果我能回到過去，重新再活一天，我會想再回到體育館，再帶一次例行的練球日。

做為一個教練，每一天的練球對我來說就是最有成就、最興奮，也是最值得記住的事情，教導我的手下人該如何做為團隊的一份子，一起追求成功。

「走在旅途上，勝過待在旅店裡。」西班牙作家塞萬提斯如是說。旅途中的掙扎、計畫、教學，和追尋，對我來說遠勝過任何事，包括紀錄、頭銜或是全國冠軍。獎項和榮耀、終場的比數，就像是旅店一般，各自存在於這一趟旅程中，我無意減損它們的價值。但對我來說，塞萬提斯寫的好：「我的樂趣都在旅途上。」

你該檢視一下自己的幸福來源，和你的樂趣所在。究竟是在旅途上，還是只在旅店裡。

目標和承諾

我相信無論是個人或是領導者，當你成功的時候，心靈會感到平靜，也就是當

你知道你已經盡其所能地去變成最好的自己時，你所獲得的自我滿足。

聽起來就是這麼容易：盡你所能，就是成功。但它並不容易，它非常困難。無論在領導者的位置上或是其他地方，想要獲得**我**所定義的成功，是難以言說、又極端複雜和困難的過程。因此，我創造了成功金字塔做為成功的地圖，讓追尋成功的旅人能夠按圖索驥，找到自己的極致競爭力。勝利，無論你如何定義它，無論你在哪一個領域追求它，都只是伴隨成功而來的附屬產品而已。

對我來說，**成功**要比勝利來得重要。成功才是第一優先、首要目標。你必須盡你最大的努力去發揮你自己的潛能，然後教會你的團隊如法炮製。這套心法跟了我四十年，無論我是一名導師、總教練，還是一名領導者，我所用的都是相同的心法。

付出你的所有去追求成功，你會找到的。將同樣的哲學教給你組織中的其他人，他們也會擁有追求極致競爭力的必要工具。這一點我可以向你保證。因為我自己就是這麼做到的。

伍登之道

安卓・麥克卡特
UCLA籃球校隊，一九七四至一九七六年
一屆全國冠軍

完美沒有祕訣

籃球的世界裡沒有所謂的祕訣，一個也沒有。每個人都對籃球了然於胸。每個人都能拿到相同的資訊。伍登教練只是更有效地利用這些資訊，然後更有效地教給球員而已。

在每一個競爭領域裡，都有做事情的正確方法和完美方法。伍登體系就是教球員以最完美的方式執行最基礎的基本動作。每個人都知道投籃的正確方式，包括了身體的平衡、手指的位置、手臂的延展等等。也同樣知道其他的基本動作，像是防守、運球、傳球、卡位等等。要做出這些基本動作都有一套完美的方式。

伍登教練的準備功夫和執教功力之強，使他能夠讓球員在高壓下的關鍵時刻，以近乎完美的方式完成一切。這一點讓他鶴立雞群、與眾不同。他之所以能達到此一境界，是因為他有著滿腔的愛、決心和能量，讓人難以置信。

他總是試著教給我們最完美的方式，而我們也總是想要照我們自己的方式來做。就好像小孩子磨著他們的爸爸，不斷要重來一遍，又再重來一遍。很快地，爸爸投降了。但伍登教練從來不投降，只要和基礎動作有關，他絕對堅持到底。

有一天在和比爾·華頓練球的時候，我做出了一個超帥的動作，我在球場上帶球向籃框推進，然後從背後傳球給華頓。華頓接到球之後還沒投出去，教練就吹哨子了，我可以聽到他從球場的另一側走向我的腳步聲。

像是背後傳球這種花稍的打法，即使在練球時的分組對抗賽中也算是大逆不道的行為。因為我們都知道教練不准我們這麼做，這不是正確的方式，更不是完美的方式。

當他走到我旁邊，教練對於我所做的事情非常生氣，但他又無法直接說出口；話到了嘴邊卻出不來，他就只好對著我結結巴巴地生悶氣。這時全隊都離開了，因為情況真的很好笑。

但我可笑不出來。那一記傳球明明就很帥，於是那一晚我愈想愈生氣。

隔天我衝進伍登教練的辦公室發脾氣。他很有禮貌地對我說：「安卓，過來，坐下。你想說什麼？」我就告訴他我心裡在想的事情：「就是昨天練球時我傳了一記超帥的傳球，結果被你罵！」

但他沒有和我爭執傳球的事。他同意那一記動作很帥，但接著他就說，如果他讓我傳那種球，其他沒有背後傳球能力的隊友也會開始跟著這麼傳。很快地，每個人都用背後傳球這一招了。「那時我們怎麼辦呢？安卓？」他問我。

這種說法沒有說服我。我和他說，如果其他人傳不出來，那是他們有問題，不是我的問題。為什麼是我要被處罰？

接著，他就開始在桌子上四處翻找他的筆記本和那些三乘五的小提示卡。很快地他就找到了那一張提示卡並且唸給我聽：「安卓，數據顯示，背後傳球的成功率有百分之七十八，而正確的傳球方式，也就是胸口傳球的成功率則是百分之九十八。」

一切煙消雲散。我再沒有任何疑問，因為兩者的成功率有百分之二十以上的差距。他不用吵架就駁倒我了。我沒辦法跟他磨，也沒人磨得過他。

有些球評會說：「伍登之所以能贏球是因為他總是擁有最強的球員。」他們錯了，他們只不過是用這種話來讓他們覺得好過一點。

教練曾經在陣中沒有比爾．華頓和「天鉤」賈霸的情況下，帶領UCLA拿下五座全國冠軍。事實上，他帶出的第一支全國冠軍隊還是當時史上平均身高最矮的一支奪冠隊伍。那些球評對此做何解釋？除非他們真的去了解伍登的體系，了解教練的信念以及他教球的方式，不然他們是無法解釋清楚教練為何這麼成功。他教給我們的就是要追求完美。

我很幸運能在他手下打球，讓我得以學習伍登之道。

後記

做為一個讀者，你要如何知道我真心相信自己在本書中所寫的一切？比如說：我是否真的不會用勝負來評斷我的**成功**？為了追求你的潛力而付出的努力，真的是比「終場比數」還要重要的最高標準？心靈的平靜真的最重要嗎？只有**你自己**才知道你是否成功了嗎？成功真的不能用物質來衡量嗎？即使是獎盃，頭銜或金錢都不行嗎？

「伍登教練，我怎麼知道你說的是真心話，你真的相信你所說的一切嗎？」沒錯，你無從得知。你無法百分之百地確定。但我是真心的。我確信這本書裡所寫的一切都是我由衷相信的真理。

我也要澄清，領導力不是專屬於男性主導的領域。當我用陽剛味濃厚的字眼形容一位領導者時，我心中的領導者並無男女之別。

事實上，看看今天的籃球比賽就可以發現，許多最佳的團隊合作都是由女籃隊所展現出來的，這些球隊的總教練也多半是女性。我很開心能看到更多的團隊合作，因為領導者最難的任務，大概就屬讓你的手下人能像一個**團隊**般共事。

最後，我希望能分享來自不同領域的領導哲學做結。所謂的「學習四大金律」傳世已久：先解釋，再示範，跟著做，不斷重複。我想要和世人分享的是「學習八大金律」：先解釋，再示範（以你為例），跟著做，不斷重複，不斷重複，不斷重複，不斷重複，不斷重複。

所以，即使你可能會覺得很煩，我還是要把最後的五大箴言傳授給你，這些話曾經出現在我其他的著作裡，它們對我深具意義。

第一段話出自美國詩人朗費羅之手，具體描述了我稱之為「勤奮」的力量，它也是成功金字塔裡最初也是最重要的一塊基石：

偉人之所以能登峰造極，
絕非一飛沖天的一蹴可幾。
而是在夜裡眾人皆睡之際，
一步一腳印的累積。

——朗費羅

第二句箴言的出處不詳，但我相信它點出了現況，也就是這世界到處充斥著自大自滿的領導風格：

天份是上帝給的，所以你要謙虛點。
名氣是別人給的，所以你要感恩點。
自負是自己給的，所以你要小心點。

——佚名

第三句箴言的出處也同樣不詳，但它的作者顯然了解我所謂的「專注力」有多重要：

有位智者曾經和我說，
「確定你是對的，就往前行」
若再加一句就更圓滿，

「確認你是錯的，再停下來。」

——佚名

第四句及第五句都是來自兩位偉大的哲學家之手，也點出了最重要的領導力特質。沒有它，我相信不可能會有偉大的領導力。

就像林肯總統說的：

大多數人都能通過逆境的考驗，但一旦獲得權力，才是人格考驗的開始。

領導力就是權力。從你如何掌握權力，或是權力如何掌握你，就可以看出你的人格。

領導者必須擁有許多不同的人格特質，他所建立的組織才有可能獲得極致的競爭力和成功，但沒有人格的話，他們合組的力量只會愈來愈小。

在成功金字塔裡我也納入了構成人格所需要的價值與品質，包括「友情」、

「忠誠」、「團隊精神」、「狀態」（生理、心理及倫理），及「自我控制」。

一位擁有這些價值的領導者，將會吸引氣味相投、品質相近的人加入。第五句箴言則是美國思想家愛默生所說的話，他也總結了接下來會發生的事：

人格的力量是不斷積累而成的。

而這股累積的力量若是由熟練的領導者來引導，將會變成可以運用的力量。

我對領導者的讚賞，不是根據他們的成就，而是根據他們領導力的品質。人格則是傑出領導力中最重要的組成元素。

身為領導者，我祝福你在追求成功的旅程中一切順利。我也希望你會記住塞萬提斯所說的那句話：

走在旅途上，勝過待在旅店裡。

讓你旅途上的每一天都是絕世傑作。

中英名詞對照表

三至五畫

大衛・格林伍　David Greenwood
小路易斯・阿辛道　Lewis Alcindor, Jr.
「天鉤」賈霸　Kareem Abdul-Jabbar
中頓地區　Centerton
丹尼　Danny Wooden
厄爾・華瑞納　Earl Warriner
文森・隆巴迪　Vince Lombardi
比特・塔哥維奇　Pete Trgovich
比爾　Bill Wooden
比爾・莫爾　Bill Moore
比爾・華頓　Bill Walton
比爾・賽柏　Bill Seibert
比爾・羅素　Bill Russell
加州大學洛杉磯分校　UCLA
史蒂夫・詹明信　Steve Jamison
布萊德・荷蘭　Brad Holland
布藍區・瑞奇　Branch Rickey

六至十畫

《伍登心法》　*Wooden*
《伍登領導術》　*Wooden on Leadership*
印地安那州立師範學院　Indiana State Teacher College
吉卜林　Kipling
吉米・鮑爾斯　Jimmy Powers
安卓・麥克卡特　Andre McCarter
成功金字塔　Pyramid of Success
米夏娃卡　Mishawaka
老鮑伯・鄧巴　Bob Dunbar, Sr.

艾加・雷西　Edgar Lacey
艾佛瑞・伯奈特・威廉斯　Everett Bennett Williams
艾迪・埃勒斯　Eddie Ehlers
艾迪・鮑威爾　Eddie Powell
佛烈德・史洛德　Fred Slaughter
佛瑞斯諾　Fresno
沃德・小豬・蘭伯特　Ward “Piggy” Lambert
亞伯拉罕・林肯　Abraham Lincoln
奇奇・凡登衛　Kiki Vandeweghe
奇斯・艾力克森　Keith Erickson
奈麗　Nellie
波洛紐斯　Polonius
肯・華盛頓　Ken Washington
肯塔基丹頓高中　Dayton High School in Kentucky

金士堡　Kingsburg
阿柏・雷蒙　Abe Lemons
南灣中央高中熊隊　South Bend Central Bears
威爾希爾大道　Wilshire Boulevard
威爾菲德・派特森　Wilfred Peterson
柯克霍夫樓　Kerckhoff Hall
洛伊・漢米爾頓　Roy Hamilton
約書亞・休斯・伍登　Joshua Hugh Wooden
約翰・葛森史密斯　John Gassensmith
韋伯斯特先生　Mr. Webster
埃爾文・海耶斯　Elvin Hayes
朗費羅　Henry Wadsworth Longfellow
格藍・寇提斯　Glenn Curtis
班・富蘭克林　Ben Franklin
班・霍根　Ben Hogan

馬丁斯維爾　Martinsville
馬奎斯・強森　Marques Johnson

十一畫以上

張伯倫　Wilt Chamberlain
莫瑞斯　Maurice Wooden
連恩・夏克佛　Lynn Shackleford
麥可・詹姆斯・柯洛南　Michael james Cronen
麥克・華倫　Mike Warren
博濟會　Missionaries of Charity
喬治・艾倫　Geroge Allen
湯姆・蘭崔　Tom Landry
華特・哈查德　Walt Hazzard
華特・蓋瑞森　Walt Garrison
黃金定律　the Golden Rule
塞萬提斯　Cervantes
愛默生　Ralph Waldo Emerson
瑞佛・強森　Rafer Johnson
詹姆士・羅素・洛威爾　James Russell Lowell
道格・麥金道許　Doug McIntosh
雷・瑞根　Ray Regan
雷奧提斯　Laertes
《領導力的藝術》　*The Art of Leadership*
綠色城鎮小學　Green Township Grade School
蓋爾・古瑞奇　Gail Goodrich
摩根郡　Morgan County
戴夫・邁爾斯　Dave Meyers

團隊，從傳球開始

五百年都難以超越的UCLA傳奇教練伍登培養優越人才和團隊的領導心法

作　　者　伍登，詹明信（John Wooden, Steve Jamison）
譯　　者　周汶昊
副 社 長　陳瀅如
責任編輯　劉偉嘉
特約編輯　林婉華
校　　對　魏秋綢
排　　版　謝宜欣
封面設計　萬勝安

出　　版　木馬文化事業股份有限公司
發　　行　遠足文化事業股份有限公司(讀書共和國出版集團)
地　　址　231新北市新店區民權路108之4號8樓
電　　話　02-22181417
傳　　真　02-22180727
Email　service@bookrep.com.tw
郵撥帳號　19588272木馬文化事業股份有限公司
客服專線　0800221029
法律顧問　華洋法律事務所 蘇文生律師
印　　刷　成陽印刷股份有限公司
初　　版　2015年12月
初版22刷　2024年3月
定　　價　280元
ISBN　978-986-359-190-0

國家圖書館出版品預行編目(CIP)資料

團隊，從傳球開始：五百年都難以超越的UCLA傳奇教練伍登培養優越人才和團隊的領導心法／伍登（John Wooden），詹明信（Steve Jamison）著；周汶昊譯. -- 初版. -- 新北市：木馬文化出版：遠足文化發行, 2015.12
面；　公分 --（Advice 35）
譯自：The Essential Wooden: a lifetime of lessons on leaders and leadership
ISBN 978-986-359-190-0（平裝）
1. 領導者 2. 領導統御
494.2　　104022439